MASSEY HARRIS

LANZ
BULLDOG

LE PERCHERON
SYSTÈME LANZ

SAME

CASE

M·A·N
Ackerdiesel

McCORMICK
FARMALL
DIESEL
SUPER
MD-TA
TORQUE
AMPLIFIER

Klassische Traktoren aus aller Welt

Nick Baldwin

Fotos von
Andrew Morland

Vorwort von
Harold L. Brock,
Konstrukteur bei
Ford und John Deere

Motor
buch
Verlag

Einbandgestaltung: Nicole Lechner

A Town Square Book
Die Originalausgabe ist dort erschienen unter dem Titel „Classic tractors of the world".

Ins Deutsche übersetzt von **Hermann Leifeld**.

Bildbeschreibungen Titelseiten:

Seite 1: Obere Reihe, von links nach rechts: 1939 Massey-Harris Super 101; 1954 Lanz Bulldog D 2806; Le Percheron. Untere Reihe, von links nach rechts: SAME 480 DTB; 1919 Case Crossmotor; 1955 MAN AS440H.

Seite 2: 1954 McCormick-Deering Farmall Super MD-TA.

Seite 3: 1930 Mercedes-Benz Verkaufsprospekt

ISBN 3–613-02572–8

Spezialausgabe: 1. Auflage 2005

Lektor: Joachim Kuch
Satz: primustype Robert Hurler GmbH, Notzingen
Printed in Hongkong

Seite 1, obere Reihe, von links nach rechts: *1939 Massey-Harris Super 101; 1954 Lanz Bulldog D 2806; Le Percheron.*
Untere Reihe, von links nach rechts: *SAME 480DTB; 1919 Case Crossmotor; 1955 MAN AS440H.*
Seite 2: *1954 McCormick-Deering Farmall Super MD-TA.*
Seite 3: *1930 Mercedes-Benz Verkaufsprospekt.*

Dank und Anerkennung

Unser Dank gilt all den begeisterten Besitzern der für das vorliegende Buch fotografierten Traktoren, die uns vielfach trotz der Sprachbarrieren halfen. Zum Glück half unsere gemeinsame Begeisterung für die Traktoren, die meisten Probleme zu überwinden. Danke für die Zeit, die sie uns geopfert haben, für ihre Gastfreundlichkeit und für ihr bereitwilliges Entgegenkommen, ohne das ein solches Buch nicht hätte zustande kommen können. Unser Dank gilt Cory Nijsen, Jud Puttern, Marinus Koppens, Jacques Monnerat, Marc Solvet, Hank Van Doorn, Frans Nouwen, Pedro van den Burget, Michel Jaeken, Janet Peters, Christian Denis, Jan Nijssen, W. van den Putten, Harry Wilms, Basrt, Theo und Johan Sauwen, Lucien Delaroque, Daniel und Nelly Binet, Yoan Binet und Caroline Boullot, Charles, Nathalie und Anne Hingant, Christian Anxe, Jean-Claude Cardine, Paul Hembury, Jim Thomas, Aubrey Sanders, David Hunt, Mike Broom, Pierre Bouillé, W. Laarakkers, D. und J. Symington, Don Wolf, Arland Lepper, Kenneth Anderson, Wendell Lampson, Palmer Fossum, Norm Seveik, J.R. Gyger, Sue Dougan, Eric Coates, Dennis Crossman, Jonathan Philp, Duke Potter, Jim Spark, Ivan Sparks, Brian Whitlock, Clarence DeLacour, Paul Cluyas, Jim Grant, Familie Schaefer, Peter und Mike Fletcher, Jürgen Gruber, Malcom Goddard, Christopher Shere, Familie Aigner, Tom und Cindy Armstrong von N-Complete, Floyd Dominque, Mike Hanna, Dean Simmons und den verstorbenen Charles Cawood und Fritz Nischwitz.

Vielen Dank auch an Bob Wright und die Ford Motor Company für die Bereitstellung eines Mondeo und eines Taurus, die die Tausende von Kilometern, die wir zurücklegen mußten, zu einem Vergnügen machten.

Ein Dankeschön an die Firma John Deere in Mannheim, Leo „Lanz" Speer und sein faszinierendes Lanz-Museum in Mitterrohrbach in Süddeutschland, das Museum of English Rural Life an der Universität Reading in England, das Farm Museum in Milton in der kanadischen Provinz Ontario, das Historisch Festival in Panningen in den Niederlanden, das jedes Jahr am letzten Juliwochenende von der Historische Moteren en Traktoren Vereniging veranstaltet wird, die Great Dorset Steam Fair bei Blandford in Großbritannien, die jedes Jahr zu Ende August stattfindet, La Locomotion en Fête, eine jährliche Veranstaltung in Cerny La Ferte Alais in Frankreich, die Western Minnesota Steam Threshers Reunion in Rollag, Minnesota, die Tractomania, die jedes Jahr im August bei Toulouse stattfindet, das Centre Historique de L'Agriculture im schweizerischen Moulin de Chiblins und an Ferg Innes von der Booleroo Steam and Traction Preservation Society, die jedes Jahr im März eine große Veranstaltung in Booleroo in Südaustralien abhält.

Und Danke auch an Peter Love von der Zeitschrift *Tractors and Machinery*, die in Cudham in England erscheint.

Werbung für den Traktor Little Devil von Hart-Parr aus der Zeit zwischen 1910 und 1920

Inhaltsverzeichnis

Deere H aus den 40er Jahren

Lanz B Bulldog D 2806 von 1954

Renault HO von 1921

Werbung für Fordson

Case-Werbebroschüre

McCormick-Deering WD-40 aus den 30er Jahren

Vorwort

von Harold L. Brock,
1939–1958 Konstrukteur der Ford-Serie N,
1959–1985 leitender Konstrukteur für die Traktoren der neuen Generation bei der Firma Deere & Company,
1971 Präsident der Society of Automotive Engineers

Nach vielen Jahren Tätigkeit in der Konstruktion und Entwicklung landwirtschaftlicher Traktoren vom Ford 9N des Jahres 1939 bis hin zur 1960 vorgestellten »neuen Generation« der Firma John Deere lese ich mit großem Interesse, was Nick Baldwin und Andrew Morland zusammengetragen haben über die zahllosen Versuche, die Landwirtschaft auf der ganzen Welt zu mechanisieren.

Ich staune über die Vielzahl von Traktorkonstruktionen, die die Kraft der Tiere auf den Höfen in aller Welt ersetzen sollten. Die vielen verschiedenen Pflanzen, Topographien, Wetterbedingungen, Anbaumethoden und andere Faktoren führten zur Entwicklung vieler einzigartiger Konfigurationen, die jeweils auf die örtlichen Gegebenheiten abgestimmt waren. Aus all diesen Versuchen entwickelte sich keineswegs eine »globale« Traktorkonzeption, ganz im Gegenteil: In vielen Ländern entstanden ganz eigene Modelle, die nach Meinung der dortigen Konstrukteure für den dortigen Markt und die dortige Landwirtschaft am besten geeignet waren.

Bei Anbruch des 20. Jahrhunderts strebten die Landwirte in Europa und Nordamerika danach, die Kraft der Tiere durch Maschinen zu ersetzen, und zahlreiche Erfinder, Ingenieure und Konstrukteure stellten sich dieser Herausforderung. Im 1. Weltkrieg erkannte man, daß der maschinellen Nahrungsproduktion größere Bedeutung zukommen mußte als der Erzeugung mit menschlicher und tierischer Kraft; entsprechende Bemühungen der Ford Motor Company resultierten in der Einführung des bekannten Fordson-Traktors. Angesichts des steigenden Bedarfs an landwirtschaftlichen Traktoren bauten bald darauf auch andere Unternehmen auf der ganzen Welt eine Vielzahl leichter Modelle unter Anlehnung an diese frühen Konstruktionen.

Je mehr neue Traktormodelle in den 20er Jahren entstanden, desto wichtiger wurde es, neben dem geschleppten Gerät auch das Aufsatzzubehör entsprechend anzupassen. Leider ließ sich das Zubehör zwischen verschiedenen Marken meistens nicht austauschen, so daß der Käufer beim Wechseln von einer Marke zur anderen auch neues Zubehör kaufen mußte. Aber die Konfigurationen und Eigenschaften der Traktoren der größeren Hersteller näherten sich stärker aneinander an.

Mein Mentor Henry Ford sen. erkannte, wie notwendig es war, die etwa 17 Millionen Pferde und Maultiere, die im Jahre 1939 noch auf nordamerikanischen Höfen im Einsatz waren, zu ersetzen; er glaubte, daß der Landwirt einen Traktor brauchte, der all die schweren Arbeiten erledigte, die von Tieren getan wurden. Dieses Ziel wollte Ford erreichen, als er per Handschlag mit dem Iren Harry Ferguson die Vereinbarung zur Entwicklung und Produktion eines Traktors mit dessen Drei-Punkt-Kupplung traf. Er bat darum, mich zum Projektleiter für diesen neuen Traktor zu bestimmen. Von mir erwartete er einen völlig neuen Traktor zu einem Preis, der nicht höher war als die Kosten für ein Gespann Pferde, deren Geschirr und vier Hektar Weideland. Er war der festen Überzeugung, daß sich die Anschaffung eines Traktors für den Landwirt lohnen würde, wenn wir dieses Ziel erreichten. Außerdem würde durch den Traktor mehr Land für die Produktion von Nahrungsmitteln frei werden.

Die Arbeit mit Ford brachte mich zu der Überzeugung, daß er große Visionen hatte und kaum daran interessiert war, daß das Projekt Gewinne abwarf. Er erwartete von unserer kleinen Gruppe, daß sie das für die Landwirtschaft leistete, was er mit dem Ford T für die allgemeine Motorisierung getan hatte. Ich freue mich, daß Ford knapp sechzig Jahre nach dem Debüt des Ford 9N sein Ziel erreicht hat. Mittlerweile gibt es den Universaltraktor, und die grundsätzlichen Merkmale dieser Konstruktion finden sich bei nahezu allen Traktoren, die heutzutage weltweit hergestellt werden. Mit der Einführung der Drei-Punkt-Kupplung mit Ackerschiene und Zugmaul für alle Traktoren hat der Landwirt nunmehr den Vorteil einer Standardkupplung für all sein Gerät.

Das vorliegende Buch zeigt die Entwicklung landwirtschaftlicher Traktoren auf der ganzen Welt auf und illustriert Henry Fords Bestreben, wie er selbst einmal gesagt hat, Fleisch und Blut von der Bürde der landwirtschaftlichen Arbeit zu befreien und diese Arbeit statt dessen Maschinen aufzubürden.

MADE IN AUSTRALIA
CHAMBERLAIN
TYPE 40K

Australien

Australien gehört zu den weltweit größten Agrarländern, und von daher ist es keine Überraschung, daß dort mehrere Traktorhersteller zu finden sind.

Das Land besitzt eine lange und abwechslungsreiche Geschichte im Traktorbau. Die Firmen A.H. McDonald und Caldwell Vale als Pioniere begannen bereits zu Beginn des 20. Jahrhunderts; andere wie Cliff Howard und Frank Jelbart bauten ihre Traktoren in den zwanziger Jahren. In der letzten Zeit wurden von Waltanna, Upton, Baldwin, Phillips, Acremaster und anderen mehrere Großtraktoren mit Vierradantrieb auf den Markt gebracht.

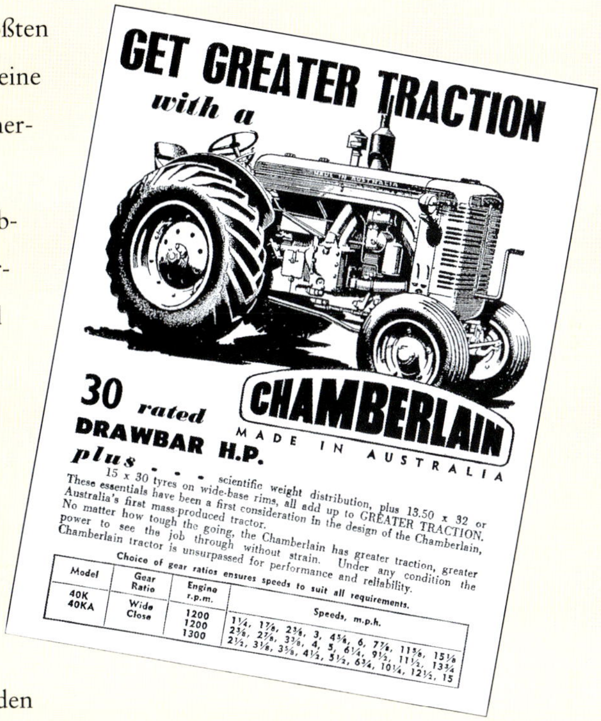

Gegenüberliegende Seite: *Vom ersten Modell des Jahres 1949 bis zum Ende der Produktion im Jahre 1955 verkaufte Bob Chamberlain nur etwa 2000 Exemplare seiner bekannten Traktoren 40K und 40KA.*

Oben: **Werbeplakat für den Chamberlain 40K und 40 KA.**

Im Laufe der Jahre investierten zudem die großen internationalen Firmen verstärkt in Australien; speziell International Harvester ist dort seit 1938 mit einem großen Werk vertreten.

Caldwell Vale

Im Jahre 1907 bauten die Gebrüder Felix und Norman Caldwell den Prototyp eines unglaublichen Traktors mit Eigenschaften, die ihrer Zeit weit voraus waren, darunter Vierradantrieb, Vierradlenkung mit Servounterstützung und eine einfache, aber bahnbrechende Hubvorrichtung. Mit der Unterstützung des Finanziers Henry Vale aus Sydney baute die Caldwell Vale Motor & Tractor Construction Company in Auburn in Neusüdwales ab 1910 Traktoren mit 30–80 PS sowie Lastkraftwagen mit Vierradantrieb. Einige Modelle von Caldwell Vale besaßen Seiten-Anbauscheibenpflüge, während andere über Vierradlenkung verfügten. Alle waren jedoch zu schwer und zu teuer, um sich gut verkaufen zu lassen, und auch der Bau eines Tourenwagen mit Vierradantrieb und -lenkung im Jahre 1913 konnte nicht verhindern, daß das Unternehmen schon bald wieder vom Markt verschwand.

Chamberlain

Bob Chamberlain war in den dreißiger Jahren Traktormechaniker in Westaustralien. Nachdem er seiner Meinung nach mehr als genug defekte Maschinen repariert hatte, glaubte er, einen besseren Traktor bauen zu können. Er ging davon aus, daß sich mit höherer Motorleistung und neun Gängen die Feldbestellung beschleunigen ließ, und baute daher 1945 einen Prototyp, der von einem mit Kerosin betriebenen Zweizylinder-Boxermotor mit 40 PS angetrieben wurde.

Im Jahre 1949 begann die Firma Chamberlain Industries Ltd. in Welshpool mit der Produktion des Modells 40K. Gebaut wurden etwa 2000 Exemplare dieses Modells neben leistungsstärkeren Typen mit 60- und 70-PS-Detroit-Dieselmotoren. Weiterhin wurde aus dem zweizylindrigen 40K das größere, dieselgetriebene Modell DA entwickelt.

1955 brachte Chamberlain den billigeren Champion mit 45-PS-Dieselmotor von Perkins heraus. Ein Champion mit einem für eine Höchstgeschwindigkeit von 104 km/h ausgelegten Getriebe nahm erfolgreich an mehreren Langstreckenrennen teil, darunter als Höhepunkt im Jahre 1957 eine Fahrt von 17600 km rund um Australien.

1970 übernahm John Deere 49 Prozent an Chamberlain, und schon kurz darauf wurden Deere-Komponenten für Chamberlain-Traktoren verwendet. Chamberlain baute seine eigenen Modelle noch bis 1986 unter Verwendung von Deere-Motoren.

Chamberlain 40K aus den 50er Jahren

Während des 2. Weltkriegs war Bob Chamberlain in den USA in der Panzerkonstruktion tätig. Nach dem Krieg kehrte er nach Australien zurück und begann mit der Entwicklung seines Traktormodells 40K. Der Prototyp entstand in der familieneigenen Rolloy Piston Company und wurde 1945 zum ersten Mal im Feldeinsatz getestet. Nach der Entwicklung in Melbourne ging der 40K dann im Jahre 1949 Tausende von Kilometern weiter westlich in einer ehemaligen Munitionsfabrik in Perth in die Produktion. Besitzerin: Aubrey Sanders.

Chamberlain Champion aus den 50er Jahren
Links: Mitte der 50er Jahre wurde der Chamberlain Champion entwickelt als heimisches Gegengewicht zu den billigeren Importtraktoren, die den australischen Markt nach dem 2. Weltkrieg überschwemmten. Als Antrieb diente ein Perkins-Vierzylinderdiesel mit 45 PS.

Howard DH22 mit Bodenfräse aus den 30er Jahren
Unten: Der Howard DH22 war als Antriebsmaschine für die Motorhacke Howard Rotavator vorgesehen. Die Produktion begann in den 30er Jahren mit einem 22-PS-Motor von Morris; später erhielt der Traktor dann stärkere amerikanische Motoren bis hin zu einem 35 PS starken Le Roi.

Howard

Arthur Clifford Howard erfand bereits 1914 seine Motorhacke »Rotavator«, für die es als Antrieb aber nur so wenige Traktoren gab, daß Howard erst Jahre später komplette Maschinen bauen konnte. 1923 gründete er in Moss Vale in Neusüdwales die Austral Auto Cultivators und begann mit der Produktion seiner selbstfahrenden Dreiradtraktoren. Schon bald darauf reichte sein Angebot vom Vierradtraktor mit 60 PS bis hinunter zu Geh-Modellen mit 5, 8 und 12 PS.

Kurz nachdem der Fordson auf dem Markt erschienen war, schuf Howard eine spezielle Motorhacke für diesen allgegenwärtigen Leichttraktor. Ende der zwanziger Jahre baute er dazu einen Dreiradtraktor mit einem 16-PS-Motor von Morris, und Anfang der dreißiger Jahre brachte er den Vierradtraktor Howard DH mit 22-PS-Motor von Morris und niedrigerer Übersetzung als konventionelle Traktoren heraus.

1938 ging Cliff Howard nach Großbritannien und gründete die Firma Rotary Hoe Cultivators Ltd. in Essex. Dort wurden Hackfräsen und der kurzlebige Raupenschlepper Platypus aus den fünfziger Jahren gebaut. In Australien entstanden weiterhin Vierradtraktoren, darunter in den fünfziger Jahren zwei- und vierradgetriebene Fahrzeuge mit 35-PS-Motor von Le Roi. Seit den sechziger Jahren stellt die Firma kleinere Modelle mit Motoren von Briggs & Stratton für den Gartenbau und den Hofeinsatz her.

Jelbart

Frank Jelbart aus Ballarat im Bundesstaat Victoria war zu Beginn des 20. Jahrhunderts einer der ersten, die stationäre Motoren bauten. Ab 1914 rüstete er mit diesen Motoren auch eigene Traktoren aus, die etwa zehn Jahre lang gebaut wurden.

McDonald

Der Pionier im australischen Traktorbau war Alfred Henry McDonald mit seiner Firma A.H. McDonald & Company in Melbourne. 1908 baute McDonald seinen ersten Traktor, den Imperial EA Type All Steel Oil Tractor, der von einem Zweizylindermotor mit 20 PS angetrieben wurde; das erste Exemplar wurde im Jahre 1909 verkauft.

McDonald baute seine Traktoren bis in die zwanziger Jahre hinein, als billigere Importe ihn dazu zwangen, statt dessen schwedische Avance- und amerikanische Emerson-Brantingham-Traktoren einzuführen.

1929 wandte er sich wieder dem Traktorbau zu, und zwar zunächst unter Verwendung eines Rahmens von Rumely OilPull und des im eigenen Hause entwickelten »Super Diesel«-Motors mit indirekter Einspritzung. Doch schon kurz darauf baute McDonald den ganzen Traktor und verkaufte davon über 600 Exemplare, bevor der 2. Weltkrieg die Produktion zum Erliegen brachte.

Nach dem Krieg nahm McDonald die Produktion in begrenztem Umfang wieder auf und baute bis 1955 Traktoren mit stärkeren Zweitaktmotoren mit 40 PS.

Ronaldson Bros & Tippett

Die Firma Ronaldson Bros & Tippett in Ballarat im Bundesstaat Victoria hatte bis 1908 bereits etwa hundert tragbare und stationäre Motoren produziert und baute kurze Zeit später auch einen Traktorprototyp. Die Serienproduktion von Traktoren begann jedoch erst Mitte der zwanziger Jahre mit dem Ronaldson Tippett Super Drive, einem Lizenzbau des Super Drive der Illinois Tractor Company im amerikanischen Bloomington. Die australische Version bestand aus importierten amerikanischen Teilen, darunter auch der 30-PS-Motor von Wisconsin. Ende der dreißiger Jahre stellte Ronaldson Bros & Tippett die Traktorfertigung ein und baute nur noch Motoren. Die Firma blieb noch bis 1972 lizenzierter Hersteller und Importeur von Wisconsin-Motoren.

Sunshine

Die bekannte Firma Sunshine Harvester Works in Braybrook Junction bei Melbourne in Südaustralien baute ebenfalls einen Traktor, als während des 1. Weltkriegs selbstfahrende Maschinen oberste Priorität bekamen. Die Sunshine-Traktoren waren mit Motoren von American Continental ausgerüstet und besaßen teilweise konventionelle Lkw-Kühler und teilweise Trommelkühler aus Dutzenden miteinander verlöteten Röhren. Die Sunshine-Fertigung endete in den zwanziger Jahren.

MASSEY HARRIS
MASSEY-HARRIS

Kanada

In Kanada, einem Land mit großer Getreideproduktion, wurden zu Beginn der Mechanisierung in der Landwirtschaft oft »kanadisierte« Versionen amerikanischer Traktoren eingesetzt. So verkaufte die American-Abell Engine & Threshing Company aus Toronto die Anfang des zwanzigsten Jahrhundert von der Northwest Thresher Company im amerikanischen Minnesota hergestellte dampfbetriebene Zugmaschine mit der Bezeichnung Northwest unter anderem Namen in Kanada. Der gasbetriebene Northwest-Traktor Universal wurde zwischen 1910 und 1920 von der Hero Manufacturing Company im kanadischen Winnipeg gebaut und vertrieben. Der Illinois Super-Drive der amerikanischen Illinois Tractor Company wurde von der Robert Bell Engine & Thresher Company in Seaforth, Ontario, als Imperial Super-Drive nach Kanada importiert.

Massey-Harris Super 101 von 1939
Gegenüberliegende Seite: Super 101 mit Chrysler-Motor; am Steuer Lavon Fred von den Fred Farms in Indiana

Massey-Harris General Purpose aus den 30er Jahren
Oben: In Serie produzierte Traktoren mit Vierradantrieb waren noch eine Seltenheit, als der General Purpose mit 22 PS Anfang der dreißiger Jahre auf den Markt kam. Das Modell besaß eine starre Vorderachse, während die Hinterachse frei gelagert war. 1936 erhielt der General Purpose einen stärkeren Motor.

Sawyer-Massey 11/22 aus der Zeit zwischen 1910 und 1920

Die Sawyer-Massey Company in Hamilton, Ontario, entwickelte sich zu einem bedeutenden Hersteller dampfbetriebener Traktoren, nachdem der Massey-Zweig des bekannten Unternehmens Massey-Harris im Jahre 1892 eine Minderheitsbeteiligung an der Firma übernommen hatte. Von 1910 an wurden auch gasbetriebene Traktoren hergestellt, darunter dieser 11/22 mit zwei Gängen vom Ende des 1. Weltkriegs; Besitzer: Jacques Monneral, Boissy-le-Chatel, Frankreich.

Doch schon bald bauten mehrere kanadische Unternehmen eigene Modelle. Die Sawyer-Massey Company in Hamilton, Ontario, war von den sechziger Jahren des 19. Jahrhunderts bis in die zwanziger Jahre des 20. Jahrhunderts einer der großen kanadischen Hersteller von dampf- und benzingetriebenen Traktoren und stand dabei im Wettbewerb mit der Goold, Shapley & Muir Company in Brantford, Ontario. Von den kleinen Herstellern bauten die Alberta Foundry & Machine Company in Medicine Hat im Jahre 1919 den Canadian, die Rein Drive Tractor Company in Toronto 1918 den Rein Drive, die Sterling Engine Works in Winnipeg 1916 den Sterling und die Savoie-Guay Company in Plessisville 1915 den One Man Motor Plow. Hinzu kamen Lizenzbauten britischer Traktoren. Im 2. Weltkrieg wurden aus steuerlichen Gründen viele in Kanada gebaute Traktoren bekannter amerikanischer Hersteller nach Großbritannien verkauft.

Cockshutt

Die Cockshutt Plow Company begann 1877 mit der Fertigung von Pflügen. In den dreißiger Jahren erweiterte sie ihr Programm um eine Reihe anderer landwirtschaftlicher Maschinen und Traktoren, die von Oliver Hart-Parr gebaut wurden. 1946 brachte das Cockshutt-Werk Bellevue in Ohio den Cockshutt 30 mit Buda-Motor auf den Markt, der in den Vereinigten Staaten auch von der National Farm Machinery Cooperative als Co-op E-3 und von der bekannten Kette Gambles Stores als Farmcrest verkauft wurde.

1947 brachte Cockshutt eine Zapfwelle mit Dauerantrieb auf den Markt, die sich weiterdrehte, wenn ausgekuppelt wurde; diese Konstruktion wurde weithin übernommen. Es folgten Modelle mit größeren Continental- und Hercules-Motoren sowie zunehmend auch Perkins-Dieselmotoren.

1962 wurde Cockshutt von White übernommen und die Traktorfertigung bald darauf eingestellt.

Cockshutt 80 von 1938
Der Cockshutt 80 war in Wirklichkeit ein in Cockshutt-Farben lackierter Oliver 80 – durchaus verständlich angesichts der Tatsache, daß Cockshutt von Oliver als Teil der White-Gruppe übernommen worden war. Er verbarg seine eigentliche Identität so gut, daß sich die Frage aufdrängt, wie viele Landwirte sich darüber im klaren waren, was sie da gekauft hatten; Besitzer: Familie Keller aus Forest Junction, Wisconsin, USA.

COCKSHUTT
30

Cockshutt 50 Diesel aus den 50er Jahren
Oben: Der Cockshutt 50 Diesel war von 1953 bis 1957 im Programm. Er besaß einen Buda-Sechszylindermotor mit 4,47 Litern Hubraum und ein Fünfganggetriebe.

Cockshutt 30 von 1950
Links: Der Cockshutt 30 wurde angetrieben von einem Buda-Vierzylinder mit hängenden Ventilen und 2,5 Litern Hubraum, den es als Diesel-, Benzin-, Destillatöl- und Propanversion gab. In den Vereinigten Staaten wurde er unter der Bezeichnung Co-op E-3 verkauft. Der hier gezeigte Traktor ist im Ontario Agricultural Museum in Milton zu besichtigen.

Massey-Harris und Massey-Ferguson

Die Massey-Harris Company in Toronto entstand 1891 aus der Verschmelzung der Massey Manufacturing Company mit der A. Harris, Son & Company in Brantford. Das neue Unternehmen hielt sich klugerweise zunächst aus dem noch in den Kinderschuhen steckenden Traktorgeschäft heraus und stieg erst im 1. Weltkrieg ein, und da auch nur mit Konstruktionen anderer Firmen, nämlich erst dem Bull-Traktor und dann mit dem Parrett der Parrett Tractor Company in Chicago.

1928 kaufte Massey die J.I. Case Plow Works in Racine in Wisconsin und erwarb dabei auch den Wallis-Traktor. Jerome Increase Case hatte sowohl die Case Plow Works als auch die J.I. Case Threshing Machine Company gegründet, die die Case-Traktoren baute, aber die beiden Firmen hatten keine weiteren geschäftlichen Verbindungen, bis sie im Jahre 1929 unter Ausschluß der Wallis-Beteiligung vereinigt wurden. Die fortschrittlichen Wallis-Traktoren waren seit 1927 von Massey-Harris verkauft worden und wurden jetzt zur Basis für eine neue Modellpalette, die auch den zukunftsweisenden Traktor 15/22 General Purpose mit Vierradantrieb an gleich großen Rädern umfaßte.

Gegen Ende der dreißiger Jahre kamen als weitere fortschrittliche Entwicklungen die Twin-Power-Traktoren mit zwei Reglereinstellungen sowie Vier- und Sechszylindermotoren von Chrysler und anderen.

1953 übernahm Massey-Harris das Traktorgeschäft des Iren Harry Ferguson, das in England seit dem Bruch mit Ford aufgeblüht war. Das führte dazu, daß der in Frankreich und Kanada erfolgreiche kleine Massey-Harris Pony aus der Produktion genommen wurde. Bald darauf wurden alle Traktoren unter dem Namen Massey-Ferguson verkauft, und mit der Übernahme der Motorensparte von Perkins in den Jahren 1958/59 gehörte die Firma mit zu den ersten in Nordamerika, die eine vollständige Palette von Dieseltraktoren anbot.

Massey-Ferguson wurde später von der Varity Corporation gekauft und ging 1994 von dort weiter an die Allis-Gleaner Company (AGCO).

Versatile

Die Versatile Manufacturing Company in Winnipeg baute ab 1966 schwere Traktoren mit Vierradantrieb. Versatile-Traktoren wurden ab 1979 in Europa von Fiat und in Australien von Ford vertrieben. 1987 übernahm Ford die Firma.

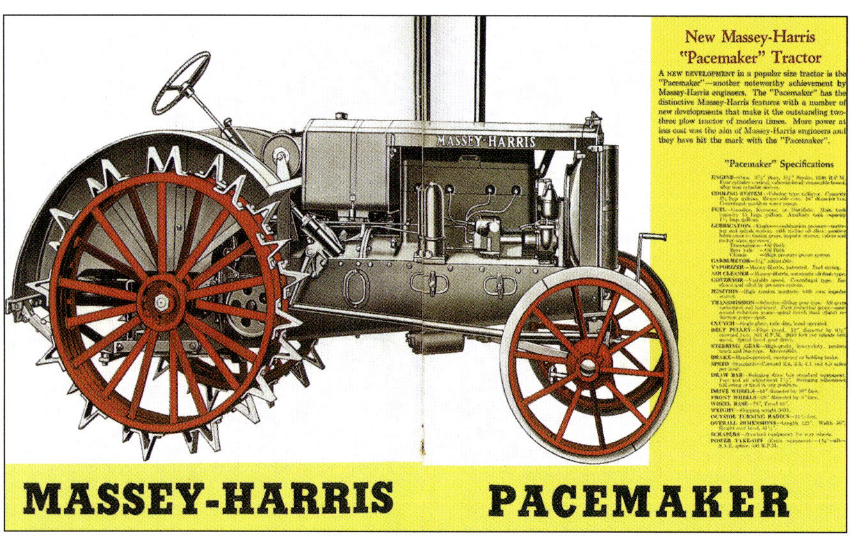

Massey-Harris No. 2 aus den 20er Jahren
Links oben: Beim Massey-Harris No. 1 handelte es sich um den amerikanischen Bull-Traktor. Der No. 2 wurde von der Parrett Tractor Company entworfen und um das Jahr 1920 herum mit Motoren des Typs Buda 12/22 angeboten.

Massey-Harris Pacemaker aus den 30er Jahren
Links unten: Der Pacemaker aus der Mitte der dreißiger Jahre wurde aus dem ersten Massey-Harris-Traktor mit Motor-Getriebeblock auf der Basis des Wallis entwickelt.

Massey-Harris Pony von 1949
Gegenüberliegende Seite: Der Pony mit Einscharpflug wurde in großen Stückzahlen in Frankreich und Kanada gebaut.

MASSEY-HARRIS
Pony

Massey-Harris 81R von 1942
Oben: Der 81R gehörte zur Baureihe 81, die von 1941 mit einer kurzen Unterbrechung im Jahre 1943 bis 1948 produziert wurde. Als Antrieb diente ein 2,1-Liter-Motor von Continental.

Massey-Harris Modell 22 von 1950
Rechts: Das Modell 22 gab es von 1949 an als Breitspurversion RT und in der Standardausführung STD. Der Traktor besaß einen Continental-Motor mit 18/27 PS und die Depth-O-Matic-Hydraulik.

MASSEY HARRIS
22

RENAULT

Frankreich

Die Franzosen gehörten zu den Pionieren im Bau leichter Fahrzeuge, so daß die französischen Hersteller eigentlich in einer guten Position gewesen sein sollten, um die Landwirtschaft zu mechanisieren. Aber die französischen Höfe waren klein und ihre Besitzer in aller Regel arm, so daß der Verkauf der ersten Traktoren trotz bedeutender Versuche in Bourges im Jahre 1912 und in Senlis im Jahre 1919 nur schleppend voranging.

Die französischen Traktorkonstrukteure setzten viele neuartige Konzeptionen in die Tat um, darunter die hydraulische Hebevorrichtung von Tourand-Latil und der Vierradantrieb von Auror, beide aus den zwanziger Jahren; in den dreißiger Jahren setzten sich Traktoren mit Dieselmotoren immer stärker durch. Aber noch 1929 waren nur 27000 Traktoren in Frankreich im Einsatz, und in den nächsten zehn Jahren kamen nur 2000 hinzu.

Der Durchbruch zur maschinellen Landwirtschaft kam in Frankreich nach dem 2. Weltkrieg; bis 1959 stieg die Zahl der eingesetzten Traktoren auf 700000. Während noch 1956 nur 4500 neue Dieseltraktoren registriert wurden, schnellte diese Zahl ein Jahr später auf 23500 Exemplare hoch.

Renault PE von 1927
Gegenüberliegende Seite: *Der Renault PE wurde von einem 14-PS-Motor angetrieben, der aus einem Pkw-Motor abgeleitet worden war.*

Oben: **Renault-Traktorkatalog**

Trotz der herausgehobenen Stellung von Renault leisteten ausländische Traktoren den größten Beitrag zur Mechanisierung der französischen Landwirtschaft. Zwischen 1945 und 1960 wurden 40000 amerikanische, 52500 britische und fast 70000 deutsche Traktoren in Frankreich abgesetzt.

Aber viele ausländische Unternehmen exportierten nicht nur nach Frankreich, sondern bauten dort auch eigene Werke auf. Die Firma Austin aus England wurde zwischen den Kriegen zu einem bedeutenden Traktorhersteller. Nach dem 2. Weltkrieg setzten International Harvester, Massey-Harris (später Massey-Ferguson) und Minneapolis-Moline (in Frankreich beim Autohersteller Mathis in Straßburg gebaut) die Vorgaben – auch wenn die Zusammenarbeit zwischen Allis-Chalmers und Vendeuvre sowie Case und SFV sich später zu einer Katastrophe entwickelte. Die Verbindung zwischen Renault und deutschen – neuerdings deutsch-amerikanischen – Herstellern erwies sich als weitaus erfolgreicher.

Am besten bekannt unter den nichtfranzösischen Traktoren war der Massey-Harris Pony. Nach der Einführung im Jahre 1948 wurde der Pony ab 1951 in Marquette-le-Lille gebaut; Ende 1954 waren 25000 Exemplare hergestellt. Zusammen mit dem Ferguson hat der Pony wahrscheinlich mehr zur Umstellung der französischen Landwirtschaft beigetragen als alle anderen Modelle.

Broschüre zum Massey-Harris Pony von 1953

Links: Der Massey-Harris Pony schmückte die Titelseite dieser französischen Broschüre aus dem Jahr 1953. 1951 begann die Fertigung des Pony im Massey-Harris-Werk in Marquette-le-Lille; 1955 konnte man auf eine Produktion von 25000 Exemplaren zurückblicken.

Ferguson TEF-20 aus den 50er Jahren

Gegenüberliegende Seite: In den fünfziger Jahre ließ die französische Firma Hotchkiss ihre Pkw-Fertigung auslaufen, baute aber weiterhin Lastkraftwagen und Traktoren, unter anderem den Jeep und den Ferguson in Lizenz. Dieser Ferguson TEF-20 ist einer von etwa 7000 Ferguson-Traktoren, die in Frankreich hergestellt wurden; Besitzer: Michel Jaeken, Bocholt, Belgien.

SCEMIA

RIP von 1919

Oben: Der französische RIP basierte auf dem Heider-Traktor der amerikanischen Rock Island Plow Company – daher das Akronym. Angetrieben wurde er von einem Waukesha-Motor mit 20 PS. RIP baute später ganz andere Maschinen mit CLM-Dieselmotoren und im Jahre 1939 sogar einen Traktor mit Mercedes-Benz-Diesel.

SCEMIA U-20 von 1918

Links: Der SCEMIA U-20 entsprach außer vom Namen her haargenau dem britischen Traktor Saunderson Universal. Die SCEMIA (Société de Construction et d'Entretien de Matériel Industriel et Agricole) baute neben Traktoren auch Busse. Dieser U-20 besaß einen 15/25-PS-Motor von Schneider; Besitzer: Marc Solvet, Meaux, Frankreich.

International Farmall Cub aus den 50er Jahren

International-Traktoren wurden in Frankreich schon in den Anfangszeiten von der CIMA (Compagnie Internationale des Machines Agricoles) vertrieben. Die Firma IHC errichtete später Werke in Croix und Monataire und baute zwischen 1951 und 1961 in Frankreich rund 100000 Traktoren. Auf dem hier abgebildeten CUB ist das Zeichen der CIMA zu sehen.

Citroën

Das bekannte Unternehmen experimentierte gegen Ende des ersten und Anfang des zweiten Jahrzehnts dieses Jahrhunderts kurz mit Traktorprototypen, stellt die Versuche aber nach dem Bau einiger hundert kleiner Maschinen wieder ein. In den vierziger Jahren entstand ein weiterer Prototyp, doch dann verabschiedete sich Citroën aus dem Markt für landwirtschaftliche Maschinen.

Citroën von 1919

Citroën unternahm gegen Ende des 1. Weltkriegs einen kurzen Abstecher in den Bereich Traktorbau, in dessen Verlauf etwa 700 Exemplare des hier abgebildeten Fahrzeugs entstanden. Der Traktor basierte auf einem Citroën-Pkw und besaß dessen 5-PS-Motor, allerdings in Form eines Motor-Getriebeblocks. Zu Beginn des 2. Weltkriegs kam Citroën mit einem experimentellen vierradgetriebenen Traktor noch einmal auf dieses Gebiet zurück.

Labourier

Die Firma Labourier in Mouchard im französischen Jura begann ihre Geschäftstätigkeit in den zwanziger Jahren mit dem Umbau von Lastkraftwagen der amerikanischen Four Wheel Drive Company (FWD) zu Schneepflügen, Schleppern und Fahrzeugen für die Forstwirtschaft. Aus diesen Umbauten entwickelte sich nach und nach eine eigenständige Marke, und 1941 kamen leichte Modelle für die Landwirtschaft sowie größere Fahrzeuge mit Vierradantrieb hinzu, die etwa mit dem Latil-Traktor zu vergleichen waren.

Monsieur Labourier lag etwa im Jahre 1930 im Krankenhaus und hörte ein Flugzeug mit Dieselmotor über die Ortschaft hinwegfliegen. Er war davon so beeindruckt, daß er alles daran setzte, den Hersteller ausfindig zu machen. Es handelte sich um die Compagnie Lilloise des Moteurs (CLM), die in Lizenz Zweitakt-Gegenkolbenmotoren des deutschen Unternehmens Junkers baute. Labourier verwendete anschließend kleinere Versionen des CLM-Motors für seine Lastkraftwagen und Traktoren. Später kamen auch Motoren anderer Hersteller wie Alsthom, Peugeot, Perkins und Berliet zum Einsatz.

Bis in die siebziger Jahre hinein baute Labourier etwa 15000 Traktoren, darunter auch Modelle für den Einsatz im Weinbau und ein paar Mähdrescher. In den achtziger Jahren wurde der Konkurrenzdruck im Traktorbau dann zu groß, und Labourier konzentrierte sich auf die Fertigung von Ersatzteilen und Getrieben für andere Hersteller.

Labourier LD 25 aus den 40er Jahren
Oben: Der LD 25 wurde angetrieben von einem Zweizylinderdiesel von CLM mit vier gegenläufigen Kolben, der 25 PS leistete und auf ein Fünfganggetriebe wirkte.

Labourier LDE von 1959
Rechts: Britische Broschüre für den LDE von 1959 mit Fünflitermotor von Berliet

Labourier LD 15 von 1952
Oben: Der LD 15 besaß einen Einzylinderdiesel mit Doppelkolben, der 15 PS leistete und in Lizenz bei einer Peugeot-Tochter gebaut wurde. Das Getriebe hatte fünf Vorwärtsgänge.

Labourier LD 15 von 1952
Rechts: Im kleinen Werk im französischen Jura baute Labourier in den fünfziger Jahren ein breites Sortiment an Traktoren, darunter dieser LD 15; Besitzer: H. Potelle, Méru, Frankreich.

LABOUR
DIESEL

Latil und Tourand-Latil

Im Jahre 1898 entwickelte George Latil in Marseilles ein frontgetriebenes Aggregat, das die Stelle von Pferden an der Deichsel aller möglichen Karren, Kutschen und landwirtschaftlichen Geräte einnehmen konnte. 1914 baute er einen Vierradtraktor mit Vierradlenkung, der im 1. Weltkrieg breite militärische Verwendung fand und nach dem Krieg zur Grundlage vieler landwirtschaftlicher Maschinen bei einer Vielzahl französischer Firmen wurde. Mehrere Modelle wurden von der Firma Tourand gebaut, die in den zwanziger Jahren auch ein Dreiradfahrzeug mit Einwalzenheckantrieb und eine der ersten hydraulischen Hebevorrichtungen im Angebot hatte. Die vierradgetriebenen Latil-Traktoren waren teure Maschinen, die sich auch für Bauunternehmen und die größten landwirtschaftlichen Betriebe eigneten. In den dreißiger Jahren wurden Latil-Traktoren auch in Belgien und England gebaut.

Im 2. Weltkrieg übernahm die deutsche MAN das Latil-Werk in Paris und stellte dort Kriegsmaterial her.

Nach dem Krieg fanden Latil-Traktoren hauptsächlich Verwendung zur Erdbewegung auf Baustellen und in der Forstwirtschaft. Sie wurden in England auch dann noch gebaut, als Renault im Jahre 1955 das Unternehmen übernahm.

Latil wurde später Teil der französischen Gruppe Société Anonyme de Véhicules Industriels et Équipements Mécaniques (SAVIEM), zu der auch die Société d'Outillage Mécanique et d'Usinage Artillerie (SOMUA) gehörte, die Kultivatoren und Traktoren für den Gartenbau herstellte. Unter SAVIEM zog sich Latil aus dem Markt für landwirtschaftliche Maschinen zurück, baute aber weiterhin vierradgetriebene Traktoren für die Forstwirtschaft, und zwar auch noch nach der Übernahme durch die Firma Brimont, die sich später wieder ihrem eigenen Fachgebiet landwirtschaftlicher Anhänger zuwandte.

Latil JTL von 1934

Der JTL besaß einen Dreiliter-Benzinmotor und sechs Vorwärtsgänge. Dank seines Vierradantriebs und der verschiedenartig ausgeformten Räder konnte er fünf Furchen gleichzeitig pflügen. Der JTL ersetzte, wie diese Broschüre vermerkt, zwölf Pferde.

Latil H14 TL 10 Navette aus den 50er Jahren

Oben: Der Latil H14 TL 10 war mit Doppelsteuerung verfügbar, so daß er sowohl für das Pflügen mit Seilzug als auch für das direkte Pflügen eingesetzt werden konnte. Er besaß einen 5,6-Liter-Dieselmotor mit 45 PS, Achtganggetriebe sowie Vierradantrieb und -lenkung und wurde von 1948 bis in die fünfziger Jahre gebaut; Besitzer: Pierre Bouillé, Meaux, Frankreich.

Latil TL 10 aus den 50er Jahren

Links: TL 10 mit 50-PS-Motor und Vierradantrieb bei der Arbeit mit dem Latil-Drehpflug. Wenn das eine Ende des Feldes erreicht war, wurde der Traktor für den Rückweg am anderen Pflugende angekuppelt.

Le Percheron

Die Bezeichnung »Le Percheron« verwies auf die gleichnamige Rasse schwerer Zugpferde und paßte damit ausgezeichnet auf den Traktor, den die Société Nationale de Construction Aeronautique du Centre nach einer Vorlage von Heinrich Lanz baute. Der Traktor besaß ähnlich wie der SFV einen einzylindrigen Glühkolbenmotor und wurde von Mitte der vierziger Jahre bis 1956 in etwa 3700 Exemplaren gefertigt.

Le Percheron aus den 50er Jahren
Oben: Daniel Binet demonstriert den Startvorgang bei Le Percheron, der wie beim Lanz erfolgt, nämlich mit dem Lenkrad. Der 25/27-PS-Glühkolbenmotor hatte einen einzelnen Zylinder mit 4,8 Litern Hubraum.

Le Percheron aus den 50er Jahren
Rechts: Wie der in Australien gebaute KL Bulldog und der polnische Ursus war der Le Percheron die Kopie eines Traktors von Heinrich Lanz. Bis zur Einstellung der Produktion im Jahre 1957 wurden fast 3700 Exemplare verkauft.

LE PERCHERON

MAP

Die ersten Traktoren der Manufacture d'Armes de Paris aus dem Jahr 1945 wurden von Latil-Gasmotoren angetrieben. 1947 ersetzte MAP den Latil-Motor durch einen eigenen aufgeladenen Zweizylinder-Zweitakt-Diesel mit vier gegenläufigen Kolben.

Unter Verwendung von zwei Traktordieseln baute MAP 1949 einen Rennwagen auf einem Delahaye-Chassis. Der Wagen brach mit einer Höchstgeschwindigkeit von 192 km/h mehrere Rekorde für Dieselfahrzeuge. Der MAP-Traktor war leider weniger erfolgreich, wenn auch bis zur Einstellung der Produktion im Jahre 1955 etwa 15000 Exemplare verkauft wurden.

1952 wurde MAP von der Société Industrielle de Mécanique et de Carrosserie Automobile (SIMCA) aufgekauft, die die MAP-Traktoren 1953 als Basis für ihre ersten eigenen SOMECA-Traktoren verwendete.

Renault

Der bei weitem bedeutsamste französische Traktorhersteller ist die Firma Renault mit Sitz in Billancourt, deren Geschichte mit bahnbrechenden Arbeiten im Automobilbau bis in das Jahr 1898 zurückreicht. Erste Versuche mit Traktoren begannen im Jahre 1908, und zur Zeit des 1. Weltkriegs wurden bereits verschiedene Raupenfahrzeuge und Traktoren mit Vierradantrieb produziert.

1918 entstanden aus den Raupenfahrzeugen Kleinschlepper mit den charakteristischen Kühlern auf der Rückseite der Haube, wo sie weniger anfällig für Beschädigungen waren. Anfang der zwanziger Jahre folgten Radschlepper, und 1931 begannen erste Versuche mit Dieselmotoren, aus denen im Jahre 1933 der Traktor VY hervorging, dessen 4,36-Liter-Motor 45 Brems-PS leistete. Der VY war der erste Diesel-Serientraktor in Frankreich und weltweit einer der ersten Traktoren mit einem standardisierten Zapfwellenantrieb mit 875 Umdrehungen pro Minute.

1945 wurde das Unternehmen verstaatlicht und konzentrierte sich in der Folge auf die Traktorherstellung. Allein in den Jahren 1947 und 1948 wurden 7500 Traktoren mit gas- bzw. kerosinbetriebenen Motoren gebaut.

Ab 1951 wurden die Renault-Traktoren mit Perkins- und Hercules-Dieselmotoren ausgestattet, die in Lizenz von Hispano-Suiza gefertigt wurden. 1956 brachte Renault die Traktorbaureihe D auf den Markt, die ihren Höhepunkt im Super D des Jahres 1965 fand. 1960 hatte Renault eine Produktionsziffer von 138000 Traktoren erreicht.

Renault hatte Verbindungen aufgenommen mit der deutschen Mannesmann, die die Traktorsparte von Porsche übernommen hatte und jetzt auch für Renault Traktoren fertigte. Eine weitere Verbindung zu Deutschland ergab sich aus der Tatsache, daß Renault seine Traktoren mit MWM-Dieselmotoren ausrüstete. Nachdem ein Gemeinschaftsprojekt mit dem amerikanischen Unternehmen Allis-Chalmers aufgegeben worden war, erweiterte Renault seine Modellpalette in den siebziger Jahren um die vierradgetriebenen italienischen Traktoren Carraro und PGS, die in Frankreich unter dem Renault-Markenzeichen vertrieben wurden. Das SEMA-Traktorwerk in Spanien wurde im Jahre 1975 an den spanischen Traktorhersteller Ebro verkauft; zu dieser Zeit hatten sich Servolenkung, Zwölfganggetriebe und Sicherheitskabine weitgehend durchgesetzt, und die meisten Modelle besaßen eine automatische Ausgleichsperre für die Vorderräder.

Die vorerst letzte internationale Zusammenarbeit ging Renault Mitte der neunziger Jahre mit John Deere ein, wobei die beiden Unternehmen wechselseitig Bauteile für einander herstellen und einen Teil ihrer jeweiligen Mo-

Renault HO von 1921
Der Blick aus der Fahrerperspektive zeigt, daß die Haube des HO für eine optimale Sicht nach vorn sorgte.

Renault HO von 1921
Dieser Renault HO von 1921 war einer der ersten Radtraktoren, nachdem das Unternehmen vorher Raupenfahrzeuge gebaut hatte. Das Schild am Gastank sollte die französischen Landwirte daran erinnern, daß der Traktor eine militärische Herkunft aufwies. Unter der alligatorartig geformten Haube saß ein Vierzylindermotor mit 22,4 PS. Der Kühler war schräg an der Motorrückseite angebaut, um ihn vor Beschädigung zu schützen.

dellpalette durch ihre eigene Händlerorganisation vertreiben. Die GIMA ist eine gemeinsam von Renault und Massey-Ferguson betriebene Einrichtung zur Konstruktion und Herstellung von Antriebssträngen. All diese Gemeinschaftsprojekte sind Teil der Bemühungen Renaults, auf dem französischen Markt wettbewerbsfähig zu bleiben, wo das Unternehmen zwar nach wie vor der führende Traktorproduzent ist, aber insgesamt nur auf ein Sechstel aller dort verkauften Traktoren kommt. Renault konnte im Jahre 1995 etwa 10000 Traktoren verkaufen.

Renault-Werbung von 1930
Oben: »Französischer Boden sollte mit französischen Traktoren bestellt werden,« forderte diese patriotische Werbung.

Renault PE2 von 1930
Links: Der PE2 wurde bis 1936 gebaut. Weitere Renault-Produkte in dieser Zeit waren der RKS 10/20 mit Zweizylinder-Halbdieselmaschine, ein Raupenschlepper mit 5-Liter-Motor und der kleine YL.

Renault PE2 von 1930
Der PE2 wurde von einem Vierzylinder-Benzinmotor mit 10/20 PS und 2,12 Litern Hubraum angetrieben und besaß drei Vorwärtsgänge; Besitzer Jean-Claude Cadine.

Renault YL von 1933
Der Renault YL besaß einen Vierzylinder-Automotor mit 8 PS und 1,48 Litern Hubraum; am Steuer: Renault-Sammler Jean-Claude Cadine.

Renault RKS von 1936
Der Zweizylinder-Halbdiesel des RKS leistete 10/20 PS bei 3,45 Litern Hubraum.

Renault PE von 1927
Oben: Der Blick unter die Haube zeigt den von einem Pkw-Motor abgeleiteten 14-PS-Motor und den senkrecht montierten Kühler.

Renault YL von 1933
Gegenüberliegende Seite: Der kleine Renault YL war ab 1933 fünf Jahre lang auf dem Markt.

Renault P4 von 1952
Renault-Traktor mit Perkins-P4-Motor vor einer Merlin-Dreschmaschine

Renault R 7012 von 1951
Renault 7012 mit 22/32-PS-Motor und »Rotapede«-Rädern zur Verringerung des Bodendrucks

Renault D22 von 1959
Der D22 wurde von einem luftgekühlten Zweizylindermotor mit 1,8 Litern Hubraum angetrieben, der 22 PS leistete. Sein Borg-Warner-Sechsganggetriebe war in den beiden höchsten Gängen synchronisiert.

SFV und Vierzon

Die Société Française de Matériel Agricole et Industriel de Vierzon hatte ihren Ursprung in einem 1947 gegründeten Unternehmen für landwirtschaftliches Gerät, das 1861 den Bau von Dampfmaschinen aufnahm.

Der erste Vierzon-Traktor wurde 1931 vorgestellt. Er wurde angetrieben von einem Einzylinder-Zweitakt-Glühkolbenmotor, der 50/55 PS leistete. Es folgten weitere Modelle mit geringerer Leistung, doch ansonsten gab es bis 1957 kaum Veränderungen. Nach dem 2. Weltkrieg erhielten die Vierzon-Traktoren eckigere Hauben. Zur gleichen Zeit erschienen an den Traktoren statt der Bezeichnung Vierzon die Initialen »SFV«, wobei die französischen Landwirte oft einfach von ihrem »Société« sprachen. 1948 produzierte SVF im Monat 170 Traktoren und 30 Dreschmaschinen, und 1955 wurde der Gipfelpunkt mit insgesamt 5000 Traktoren und Dreschmaschinen erreicht.

Mitte der fünfziger Jahre begann der langsame Abstieg, dem Ende der fünfziger Jahre vorübergehend Einhalt geboten werden konnte, als die amerikanische Firma Case das Unternehmen erwarb. Aber auch Case brachte nicht die endgültige Wende zum Besseren, und die SFV ging trotz modernerer Traktoren mit Glasfaserhaube Anfang der sechziger Jahre unter. Die letzten SFV-Traktoren wurden entweder von Peugeot-Gasmotoren oder von Ein- und Zweizylinder-Dieselmotoren der deutschen Normag angetrieben. Im SFV-Werk wurden anschließend noch einige Case-Traktoren ausschließlich für den französischen Markt gebaut.

SFV 551 von 1952

Der größte SFV des Jahres 1952 war das Modell 551 mit 52/63-PS-Motor mit 12,8 Litern Hubraum und fünf Vorwärtsgängen. Die Lötlampe dient als Starthilfe für den Glühkolbenmotor. Vor der Tür des Bauernhauses in der Bretagne steht die Mutter des Besitzers, Madame Hingant.

551
SOCIÉTÉ FRANÇAISE
VIERZON

SFV H2 von 1937
Oben: Der H2 wurde von einem Einzylinder-Glühkolbenmotor mit 25 PS angetrieben.

SFV H2 von 1937
Links: Wie der Lanz und spätere Marshall-Traktoren besaß der SFV H2 einen seitlich angeordneten Kühler und einen massigen Auspufftopf, der Funken und Lärm zurückhalten sollte. Dieses Originalexemplar gehört Daniel Binet.

SFV 201 von 1957
Gegenüberliegende Seite: Der kleinste SFV des Jahres 1957 war das Modell 201 mit 3,2-Liter-Motor mit 19 PS.

SFV 201 von 1954

Oben: Der schön restaurierte SFV 201 von François Millet ist auf der Landwirtschaftsmesse »Locomotion en Fête« zu sehen, die jedes Jahr im Sommer in Cerny la Ferté Alais abgehalten wird.

Werbung für den SFV 201E aus den 50er Jahren

Links: Der kleine SFV 201E mit 25-PS-Einzylindermotor war nicht einmal 1 m breit und damit ideal geeignet für den Einsatz im Weinbau. Er war von 1953 bis 1957 im Programm.

SFV 551 von 1952
Oben: Charles Hingant zeigt den massigen Kolben und die massige Pleuelstange des 551. Bohrung und Hub des Zylinders betragen 225 x 260 mm. Der SFV 551 ist das größte und eines der seltensten SFV-Modelle aus der Zeit nach dem 2. Weltkrieg.

SFV Super 204 von 1960
Links: Eins der letzten SFV-Modelle war der Super 204 mit 3,2-Liter-Motor, neuer Haubenausführung und Case-Lackierung.

SIFT

Die im Jahre 1935 von zwei ehemaligen Renault-Angestellten in Boulogne sur Siene gegründete Société d'Installation de Force et de Traction (SIFT) hatte ihre große Zeit im Jahre 1945, als der Flugzeugmotorenhersteller Gnôme et Rhône zum Luft- und Raumfahrtkonzern SNECMA umgewandelt wurde und im Rahmen der Diversifizierung auch die SIFT kaufte.

Der SIFT galt als erster in Serie gefertigter französischer Dieseltraktor. Laut Plan sollten im Monat 200 Exemplare des riesigen Traktor mit 6,2-Liter-Vierzylindermotor gebaut werden, doch erreicht wurde, im Jahre 1949, gerade einmal die Hälfte. In den Jahren darauf fiel die Produktionsrate aufgrund der Erfolge von Ferguson, Massey-Harris, International, SOMECA und anderer auf einem bereits übersättigten Markt schnell weiter ab.

Bevor das Unternehmen Mitte der sechziger Jahre aufgab, waren noch Traktoren mit Zwei- und Vierzylindermotoren von Heracles im Programm.

SIFT-Werbung aus den 50er Jahren
Australische Werbebroschüre für den SIFT mit Vierzylinderdiesel mit 33/42 PS

SIFT TLY von 1957
Der SIFT von 1957 war mit Zweizylinderdiesel mit 30 PS oder mit Vierzylinderdiesel mit 45 oder 60 PS ausgerüstet. Hier gezeigt ist der große TLY mit 6,2-Liter-Motor; Besitzer: Charles Hingant.

SIMCA SOMECA SOM 40 aus den 50er Jahren
Da SOMECA zu SIMCA gehörte und SIMCA mit Fiat verbunden war, wurden für die SOMECA-Traktoren oft Konstruktion und Teile von Fiat/OM verwendet.

SIMCA und SOMECA

Die Société Industrielle de Mécanique et de Carrosserie Automobile (SIMCA) wurde im Jahre 1934 gegründet, um in Lizenz Fiat-Autos für den französischen Markt zu fertigen. Bis in die sechziger Jahre hinein fungierte SIMCA außerdem als Vertrieb für Fiat- und Steyr-Traktoren.

SIMCA erwarb 1953 die MAP und benutzte deren Traktoren als Grundlage für die ersten eigenen Traktoren unter der Bezeichnung SOMECA (Société de Mécanique de la Seine). Die SOMECA hatte als Teilelieferant für die späteren MAP-Traktoren begonnen. Der erste SOMECA-Traktor war der DA50, der 37 PS bei 1500 Umdrehungen leistete. Anschließend kamen der 40 und der 55, gefolgt vom ähnlichen 615/715. Im Jahre 1960 belief sich die Gesamtproduktion auf über 40000 SOMECA-Traktoren auf Fiat-Basis.

SOMECA mit Fiat als Mehrheitsaktionär gehört heute wie die Abteilung landwirtschaftliche Maschinen von Ford zu New Holland.

SOMECA aus den 60er Jahren
Ein SOMECA aus der Mitte der sechziger Jahre mit eindeutiger Fiat-Abstammung. Die SOMECA-Modellpalette umfaßte zu dieser Zeit Modelle mit Zwei- und Vierzylindermotoren mit 1,1 bis 4,1 Litern Hubraum.

Vendeuvre

Die Firma Vendeuvre begann 1950 mit der Herstellung von Kleinschleppern und hatte bereits 25000 Exemplare verkauft, als sie 1959 von dem amerikanischen Unternehmen Allis-Chalmers übernommen wurde. Vendeuvre-Traktoren wurden in der Regel angetrieben von luftgekühlten Ein- oder Zweizylindermotoren; es gab aber auch Dreizylindermodelle mit bis zu 4 Litern Hubraum. Bis zur Werksschließung im Jahre 1964 wurden die Traktoren im Allis-Chalmers-Orange lackiert.

Vendeuvre aus den 40er Jahren

Oben: Bevor Vendeuvre nach dem 2. Weltkrieg Traktoren entwickelte, baute die Firma stationäre Motoren und Dreschmaschinen. Hier abgebildet ist eins der ersten Modelle mit dem firmeneigenen Vierzylinderdiesel.

Vendeuvre Super von 1957

Rechts: Dieses Modell mit luftgekühltem Motor wurde 1957 gebaut. Vendeuvre mußte unter der Ägide von Allis-Chalmers in den sechziger Jahren schließen.

Sonstige

ADN

Einer der neben St. Chamond und Richard Continental wichtigsten französischen Hersteller von Raupenschleppern für die Landwirtschaft war die Aciéries du Nord (ADN). Gegründet gegen Ende der vierziger Jahre, bot die ADN eine umfangreiche Palette an Gleiskettenfahrzeugen an, deren Motorisierung vom 2,165-Liter-Zweizylinderdiesel von Georges Irat über einen 12,7-Liter-ADN-Vierzylinder bis hin zum 19,7-Liter-ADN-Sechszylinder reichte.

Agrip

Die Firma Agrip in Ligniéres begann um 1950 herum mit dem Umbau amerikanischer Jeep-Chassis aus Kriegsbeständen für den Einsatz in der Landwirtschaft; schon bald darauf wurden Aster-Dieselmotoren und größere Hinterräder montiert. In den siebziger Jahren hatte Agrip leistungsstarke Traktoren mit Vierradantrieb im Angebot, die allerdings überwiegend in der Industrie eingesetzt wurden.

Agrip aus den 50er Jahren
Der Weg der Firma Agrip führte von der Umrüstung von Militärfahrzeugen aus Kriegsbeständen zu diesem modernen Traktor aus den fünfziger Jahren. Als Antrieb diente entweder ein Aster-Diesel mit 20 PS oder ein CLM-Diesel mit 30 PS.

Babiole, Derot-Tecnoma und Sabatier

Die einzigen anderen Hersteller, die in den vergangenen fünfzig Jahren größere Erfolge erzielen konnten, sind Babiole, Derot-Tecnoma und Sabatier. In den Jahren zuvor gab es zwar Dutzende von Firmen, die gute Ideen hatten, aber nur wenige Landwirte, die wohlhabend genug waren, die Umsetzung dieser Ideen durch entsprechende Käufe zu unterstützen.

Ceres

Die Firma Ceres baute in den zwanziger Jahren ein paar eigene Traktoren, bevor sie dazu überging, andere Traktoren wie den beliebten Massey-Harris Pony auf Dieselbetrieb umzurüsten.

Champion

Champion bot in den fünfziger Jahren eine breite Palette an Radtraktoren mit Dieselmotoren von Ceres an. Mitte der fünfziger Jahre wurden kurzfristig 1000 Exemplare jährlich verkauft.

ECO

Der erste ECO-Traktor erschien 1938 mit einem Zweizylinderdiesel von Mercedes-Benz. ECO-Traktoren gab es bis in die fünfziger Jahre mit Dieselmotoren von Poyaud und Aster. Wie bei so vielen anderen hoffnungsvollen Herstellern hielten sich die Verkäufe in Grenzen; ECO kam in der gesamten Produktionszeit wahrscheinlich nur auf insgesamt 1000 verkaufte Traktoren.

Energic

Der Energic der Firma Établissements Patissier in Villefranche begann als handgefertigter leichter Traktor und wurde in den fünfziger Jahren nach und nach verbessert. Als Antrieb dienten Automotoren von Citroën.

Mecavia

Die Firma Mecavia in Autun besaß Mitte der fünfziger Jahre Verbindungen zu MAP und SOMECA.

Richard Continental

Die Firma Richard Continental baute wie die amerikanische Caterpillar vorrangig Raupenfahrzeuge für die Bauindustrie. In den vierziger und fünfziger Jahren hatte Continental Kettenfahrzeuge für die Landwirtschaft mit Motorleistungen zwischen 17 und 70 PS im Programm.

St. Chamond

Die Firma St. Chamond im gleichnamigen Ort an der Loire baute im 1. Weltkrieg militärische Kettenfahrzeuge und machte sich erst in den fünfziger Jahren einen Namen mit landwirtschaftlichen Traktoren. Die Kleinschlepper der Firma waren kleine Raupenfahrzeuge, die oft mit Perkins-Dieselmotoren zwischen 2,2 und 5,4 Litern Hubraum ausgerüstet waren.

Richard-Continental-Katalog von 1948
Rechts oben: 1948 baute Richard Continental Raupenschlepper mit Motoren von Berliet, Irat und Panhard, die zwischen 32 und 58 PS leisteten.

Energic 511 aus den 50er Jahren
Rechts unten: Das Modell 511 mit 0,7-Liter-Einzylinder war typisch für die Energic-Traktoren zu Beginn der fünfziger Jahre.

ECO von 1948
Unten: Dieser ECO besaß einen 50-PS-Zweizylinder-Schiffsdiesel von Poyaud. Aus der kurzen Produktionszeit, die Mitte der fünfziger Jahre endete, sind nur noch wenige ECO-Traktoren erhalten; Besitzer: Charles Hingant.

LANZ
BULLDOG

Deutschland

Wie in den anderen Industriestaaten ging auch in Deutschland angesichts der Tatsache, daß eine wachsende Bevölkerung zu ernähren war, die Mechanisierung der Landwirtschaft schnell voran. In der Anfangsphase konzentrierten sich viele Hersteller landwirtschaftlicher Maschinen auf Motorpflüge, die teilweise aussahen wie ins Riesenhafte vergrößerte zweirädrige Gartenkultivatoren. Die Motorpflugentwicklung setzte sich bis in die zwanziger Jahre fort, kam dann aber zum Erliegen.

In den zwanziger Jahren erkannten die deutschen Hersteller, daß die Zukunft in kompakteren Maschinen lag, die mehr konnten als nur pflügen und Riemen antreiben. Diese Maschinen waren im Endeffekt kompakte Versionen von Geschütztraktoren aus dem 1. Weltkrieg, die – ausgerüstet mit Winden und teilweise Vierradantrieb – relativ hohen Ansprüchen genügten.

Lanz HR9 Eil-Bulldog von 1939
Gegenüberliegende Seite: *Der Lanz HR9 Eil-Bulldog des bekannten französischen Sammlers Pierre Bouillé ist bereit zur Ausfahrt.*

Hanomag-Katalog von 1954
Oben: *Der schwedische Katalog von 1954 zeigt die verschiedenen Radtraktoren und Raupenschlepper des Typs R35, die zu dieser Zeit angeboten wurden.*

Der bahnbrechende Dieseltraktor von Benz leitete Anfang der zwanziger Jahre in Deutschland die Revolution im Bereich landwirtschaftlicher Traktoren ein und bedeutete das endgültige Aus für das Zugpferd. Vor den Herstellern in praktisch allen anderen Ländern setzten mehrere deutsche Firmen in den dreißiger Jahren voll auf Dieselkraft; am Ende des Jahrzehnts erwarb sich eine Reihe von Neulingen auf dem Traktormarkt, z. B. Eicher und Schlüter, ihren guten Ruf mit Dieseltraktoren.

Viele andere deutsche Traktorhersteller setzten auf einen anderen Antrieb, nämlich den mit Schweröl betriebenen Glühkolbenmotor. Glühkolbenmotoren wurden von Heinrich Lanz bei seiner bekannten Einzylinderkonstruktion von 1921 bevorzugt und noch Jahre danach eingesetzt.

In Deutschland entstanden zudem ein paar Zugmaschinen, die ihresgleichen suchen. Eine ungewöhnliche Entwicklung war etwa der vierradgetriebene Unimog, ein Mehrzweckfahrzeug, aus dem später der MB-Trac von Mercedes-Benz hervorging. Eine weitere Maschine, die sonst kaum anzutreffen war, war das Mehrzweckfahrzeug mit Ladefläche und Heckmotor, wie es der Fendt 275GT, der Eicher Kombi und der Lanz Alldog verkörpern. Wie auch in anderen Weinanbaugebieten boten mehrere Firma besonders schmale Modelle an, oftmals mit Vierradantrieb und gleich großen Vorder- und Hinterrädern.

Wie in Großbritannien gab es um das Jahr 1950 viele hoffnungsvolle Neulinge auf dem Markt der Leichttraktoren, doch nur wenige konnten sich unter den schwierigen wirtschaftlichen Bedingungen der Nachkriegsjahre durchsetzen. Selbst alte etablierte Unternehmen wurden von multinationalen amerikanischen Konzernen übernommen, so etwa Lanz im Jahre 1955 von Deere & Company. Die überlebenden Firmen mußten sich im eigenen Land der Konkurrenz von Giganten wie International Harvester stellen, die nach dem Krieg eigene Werke in Deutschland errichteten. Trotzdem verkauften die deutschen Traktorbauer zwischen 1945 und 1960 etwa 69 000 Traktoren ins benachbarte Frankreich und lagen damit weit vor den anderen großen Exportnationen wie Großbritannien und den Vereinigten Staaten.

Wie auch anderswo auf der Welt ist die Zahl der Traktorhersteller beträchtlich gesunken, aber dennoch bleibt Deutschland im weltweiten Traktorgeschäft eine wesentliche Kraft. Im Rahmen der Konsolidierung haben sich erst 1997 Deutz und SAME zusammengefunden, während Fendt an AGCO gegangen ist.

MWM-Motorpferd von 1923
Die Motoren-Werke Mannheim (MWM) bauten jahrelang Motoren für andere Traktorhersteller. 1923 entstand bei der Benz-Tochter dieses Motorpferd. Es besaß einen Zweizylinder-Halbdieselmotor mit 4,4 Litern Hubraum, der 16/18 PS leistete; Besitzer: Frans Nouwen, Heythuysen, Niederlande.

Daimler, Benz und Mercedes-Benz

Daimler und Benz waren zwei Pioniere des Automobilbaus, die ihre ersten Fahrzeuge in den Jahren 1885/86 auf die Straße brachten. Die beiden Firmen schlossen sich 1925/26 zur Daimler-Benz, der Vorläuferin von Mercedes-Benz, zusammen. Beide hatten zu dieser Zeit schon Traktoren gebaut.

Daimler hatte mit seinem benzinbetriebenen Traktor von 1912 die Nase vorn, aber der Benz von 1922 mit Dieselmotor erlangte größere Bedeutung. Er übertraf Ende der zwanziger Jahre alle anderen Traktoren in Deutschland, wurde aber während der großen Depression in den dreißiger Jahren aus der Fertigung genommen. Trotzdem ist er als erster in Serie produzierte Dieseltraktor in die Geschichte eingegangen und hat für die Dieselentwicklung in den folgenden Jahrzehnten Maßstäbe gesetzt.

Daimler-Benz kehrte 1950 mit dem vierradgetriebenen Mehrzweckfahrzeug Unimog, das vorher mehrere Jahre lang von den Gebrüdern Boehringer gefertigt worden war, wieder auf den Markt für landwirtschaftliche Maschinen zurück. Der Unimog mit Ladefläche, Zapfwellenantrieb und Dreipunktkupplung war in der Landwirtschaft weit verbreitet, bevor 1973 der für speziellere Aufgaben vorgesehene MB-Trac auf den Markt kam. Bis 1980 wurden zehntausend MB-Trac gebaut, doch kann verkaufte Mercedes-Benz das Fahrzeug in der folgenden Rezession an ein Konsortium, das zu dieser Zeit auch schon Schlüter übernommen hatte.

Benz-Broschüre von 1922

Anfang der zwanziger Jahre bedeutete der bahnbrechende Benz-Dieseltraktor das Ende für das Zugpferd.

Werbung für Mercedes-Benz-Traktor aus den 30er Jahren

Oben: *Der Mercedes-Benz-Traktor mit 30-PS-Dieselmotor wurde Anfang der 30er Jahre in Großbritannien von den Midland Engine Works in Leeds als McLaren Diesel Oil Tractor vertrieben.*

Nordtrak Diesel-Stier von 1950

Unten: *Der Nordtrak Stier besaß einen 13-PS-Einzylinderdiesel von Hatz und Achsen von ehemaligen Vierradfahrzeugen der US-Streitkräfte; Besitzer: Nijsen Corry, Bocholt, Belgien.*

Deutz und Fahr

Deutz war 1907 eines der ersten Unternehmen, das Kleinschlepper mit dem neuartigen Viertakt-Verbrennungsmotor von Nikolaus Otto baute. Im 1. Weltkrieg fertigte Deutz schwere Militärfahrzeuge, die in erster Linie als Geschützschlepper dienten.

1926 entstand bei Deutz der erste Leichttraktor, der MTH 222 mit 14 PS, dem ein Jahr darauf eine Version mit Dieselmotor folgte. Nach ständiger Entwicklung in den dreißiger Jahren begann Deutz im Jahre 1942 mit dem Bau luftgekühlter Dieselmotoren, die ab 1949 auch in Traktoren eingebaut wurden. 1954 kam als Neuentwicklung eine lange, nahezu waagerechte Lenksäule, die es dem Fahrer ermöglichte, je nach Fahrtrichtung links oder rechts zu sitzen. Im gleichen Jahr stieg die Verkaufszahl auf insgesamt 50 000 Exemplare.

1968/69 schloß sich Deutz mit Fahr zusammen. Fahr hatte bereits seit 1938 Traktoren gebaut, in den Anfangsjahren oft mit Deutz-, später mit Guldner-Motoren. Deutz-Fahr, wie das Unternehmen von da an firmierte, weitete seine Traktorproduktion auf Jugoslawien und Argentinien aus.

Ab 1972 wurde der frontbediente Intrac zu einem Mehrzwecksystem für die Landwirtschaft ausgebaut. 1995 ging die Sparte Traktoren und landwirtschaftliche Maschinen an die italienische Firma SAME, und 1997 erwarb die AGCO die Deutz-Traktorsparte in Argentinien.

Deutz-Pfluglokomotive von 1907:
Die Pfluglokomotive von 1907 wog massige 2,7 Tonnen. Sie wurde angetrieben von einem 25-PS-Motor, der vorwärts und rückwärts für eine Höchstgeschwindigkeit von 5 km/h sorgte.

Deutz von 1919
Dieser massige 40-PS-Traktor mit Winde wurde 1919 gebaut, stammte aber von einem Geschützschlepper aus dem 1. Weltkrieg ab.

Deutz MTZ 320, 1932–1934
Gegenüberliegende Seite: Der MTZ 320 besaß einen Zweizylinder-Dieselmotor mit 6,4 Litern Hubraum und drei Vorwärtsgänge; er erreichte eine Höchstgeschwindigkeit von 6,3 km/h.

DEUTZ
DEUTZ
Deutz Diesel

Deutz FL aus den 50er Jahren
Oben: Dieser in Südbayern fotografierte Deutz aus der Mitte der fünfziger Jahre gehörte zur FL-Serie, deren Motoren als Ein-, Zwei- und Dreizylinder zu haben waren.

Deutz von 1954
Links: Dieser Leichttraktor wurde angetrieben von einem luftgekühlten Einzylinderdiesel mit 736 ccm Hubraum. Der Fahrer konnte sich zum Rückwärtsfahren auf die andere Lenkradseite setzen.

Deutz D80 von 1964
Oben: Der D80 war der stärkste Deutz-Traktor. Er besaß einen luftgekühlten Sechszylinderdiesel mit 75 PS und standardmäßig Servolenkung; Besitzer: Jan Nijsen, Helden, Niederlande.

Deutz D 25S von 1963
Unten: Der D 25S war mit einem luftgekühlten 1,7-Liter-Zweizylinderdiesel ausgestattet; Besitzer: Jan Nijsen, Helden, Niederlande.

Fahr-Broschüre von 1960
Der Fahr D177S mit 34 PS besaß eine hydraulische Hebevorrichtung.

Eicher

Die Gebrüder Eicher begannen 1936 mit dem Bau von Traktoren mit Deutz-Motoren und konnten 1941 auf 1000 gefertigte Exemplare zurückblicken. Die Firma entwickelte 1948 einen eigenen luftgekühlten Diesel in Zwei-, Drei- und Vierzylinderausführung. Das Modell Wotan von 1968 besaß einen großen Sechszylinderdiesel.

In den siebziger Jahren besaß die kanadische Massey-Ferguson einige Jahre lang Anteile an der Firma, die in dieser Zeit ihre Traktoren deshalb auch mit Perkins-Motoren ausrüstete.

Mitte der achtziger Jahre wurde der 120 000. Eicher-Traktor gefertigt bei einer Jahresproduktion von 2000 Stück. Zu dieser Zeit hatte sich Eicher zu einem kleineren, stärker spezialisierten Unternehmen gewandelt, das überwiegend Traktoren mit Vierradantrieb und synchronisiertem Sechzehnganggetriebe baute.

Eicher-Broschüre von 1958

Rechts: Der Eicher mit luftgekühltem 2,6-Liter-Zweizylindermotor leistete 26 PS.

Eicher EKL11 von 1954

Unten: Dieser EKL11 mit 1,5-Liter-Einzylindermotor von Deutz war in den neunziger Jahren noch regelmäßig im Einsatz. Man beachte die Blattfedern anstelle der herkömmlichen Vorderachse.

Fendt Dieselross F22 von 1938

Oben: Das Dieselross war ursprüngliche eine »stationäre Maschine auf Rädern«. Als 1938 der F22 gebaut wurde, sah das Ergebnis schon eher wie ein Traktor aus.

Fendt Dieselross F20 von 1954

Unten: Der F20 besaß einen Einzylinderdiesel von MWM.

Fendt

Die Firma Fendt in Marktoberdorf begann 1928 mit selbstfahrenden Mähern, baute aber schon bald darauf den Mehrzwecktraktor Dieselross mit Deutz-Motor. Nach dem Krieg wurden überwiegend luft- und wassergekühlte MWM-Motoren verwendet. Der Dieselross war ein Kleintraktor, doch in den sechziger Jahren baute Fendt mit dem Farmer und dem Favorit auch größere Modelle. In den fünfziger Jahren stieg Fendt mit den GT-Modellen frühzeitig in den Markt für Vielfachgeräte mit Heckmotor ein. In den siebziger Jahren ergänzten vierradgetriebene Häcksler und Lader des Typs Agrobil das Programm.

Nachdem MAN sich aus dem Traktorgeschäft zurückgezogen hatte, rüstete Fendt seine größten Traktoren mit MAN-Motoren aus. Das leistungsstärkste Modell mit MAN-Antrieb war in den neunziger Jahren der Xylon mit 260 Brems-PS.

In den neunziger Jahren konnte Fendt auf mehr als 600 000 verkaufte Traktoren zurückblicken, darunter in den sechziger Jahren auch Modelle aus einem Werk in Brasilien, und kam auf eine Jahresproduktion von 15 000 Exemplaren. 1997 wurde das Unternehmen von der amerikanischen AGCO übernommen.

Broschüre für den Fendt Farmer 2 von 1963

Der Farmer 2 von 1962 mit 2-Liter-Dreizylindermotor besaß ein Getriebe mit acht Vorwärts- und vier Rückwärtsgängen.

Hanomag

Die Hannoversche Maschinenbau AG fertigte ursprüngliche Dampflokomotiven und andere Maschinen. Sie stieg 1905 in das Fahrzeuggeschäft ein und baute ab 1912 den Motorpflug WD. 1919 kamen Raupenschlepper und Radtraktoren hinzu. Ab 1930 wurden die meisten Modelle von einem 5,2-Liter-Vierzylinderdiesel angetrieben, der auch im Verlauf der nächsten fünfunddreißig Jahre noch gebaut wurde. 1942 wurden Fünfganggetriebe zum Standard, und von der Mitte der fünfziger Jahre an handelte es sich bei den kleinsten Ein- und Zweizylindermotoren um Zweitakter. Die Hanomag-Modellpalette umfaßte zu dieser Zeit Traktoren zwischen 16 und 90 PS, darunter als größten einen Raupenschlepper.

1957 befand sich Hanomag unter den ersten, die Motoren mit Turbolader einsetzten, nachdem bereits 1953 der Geräteträger R12 Combitrac mit Ladermotor auf den Markt gekommen war.

1961 kaufte die Rheinstahl-Gruppe als neue Herren bei Hanomag das Unternehmen Borgward und bekam auf diese Weise einen neuen 1,8-Liter-Diesel für die Traktoren. Die größeren Modelle waren immer noch aufgeladen, doch die Tage des alten, hart arbeitenden Diesels waren gezählt, und 1967 kam eine modernere neue Modellpalette auf den Markt. Leider verkaufte sie sich nicht sehr gut, und Hanomag stellte 1971 die Produktion ein, nachdem insgesamt 250 000 Traktoren gefertigt worden waren. Die Lkw-Sparte Hanomag-Henschel ging daraufhin an Daimler-Benz, während die Raupenlader 1974 von Massey-Ferguson übernommen wurden. Nach verschiedenen Eignerwechseln wurde Hanomag 1989 von der japanischen Komatsu-Gruppe übernommen.

Hanomag R 40 von 1947/48
Gegenüberliegende Seite oben: Der mit seiner Ausstattung für die Straße schnittig aussehende R 40 diente ursprünglich dazu, Gemüse zum Markt zu transportieren. Der R 40 wurde Ende der dreißiger Jahre entwickelt und besaß einen 5,2-Liter-Vierzylinderdiesel mit 40 PS; Besitzer: Hank van Doorn, Niederlande.

Hanomag R 228 aus den 50er Jahren
Gegenüberliegende Seite unten: Dieses R 228-Exportmodell war gegen Mitte/Ende der fünfziger Jahre insofern ungewöhnlich, als es einen Zweitaktmotor besaß, und erwarb sich bald den Ruf der Unzuverlässigkeit; Besitzer: Hank van Doorn, Niederlande.

Hanomag R 455 ATK von 1960
Der R 455 ATK war die Industrie-Version des landwirtschaftlichen Traktor R 450. Das hier abgebildete Fahrzeug diente ursprünglich als Schlepper für Flugzeuge; Besitzer W. van den Putten, Niederlande.

Hanomag-Broschüre aus den 30er Jahren
In dieser französischen Broschüre vom Ende der dreißiger Jahre behauptete Hanomag, das erste Werk für Dieseltraktoren in Europa besessen zu haben. Andere Firmen wie Benz hätten diesen Anspruch sicher auch erheben können.

HANOMAG

Hanomag

Heinrich Lanz

Heinrich Lanz fertigte in Mannheim Dampfmaschinen, bevor er im Jahre 1912 seinen ersten großen Motorkultivator baute.

1921 schuf Lanz einen selbstfahrenden Standmotor mit Mehrstoff-Zweitaktmotor und Glühkopfzündung, der zu einem großen Erfolg wurde. Bald unter dem Namen Bulldog bekannt, war der Lanz in den Anfangsjahren mit Motoren von 6,23 und 14,13 Litern Hubraum verfügbar. Ein interessantes Merkmal des Bulldog war das abnehmbare Lenkrad, das zum Starten auf das seitlich montierte Schwungrad gesteckt wurde, nachdem der Zylinderkopf mit einer Lötlampe vorgewärmt worden war.

Der Bulldog wurde bis 1956 gebaut und bis zu diesem Jahr in etwa 200 000 Exemplaren verkauft. Nachdem Lanz im Jahre 1938 die ungarische Firma HSCS übernommen hatte, wurde der Bulldog auch im HSCS-Werk Wien gefertigt. Von 1946 bis 1962 gab es weiterhin eine Fertigung in Madrid; Bulldog-Nachbauten erschienen auch in Polen, Frankreich und Australien.

1955 wurde Lanz von der amerikanischen Deere & Company übernommen. Unter deren Leitung bauten die Lanz-Werke Traktoren mit stehenden Mehrzylindermotoren, die zunächst unter der Bezeichnung John Deere Lanz vertrieben wurden; einige Modellen waren auch mit Perkins-Dieselmotoren ausgestattet. In den siebziger Jahren verschwand der eingeführte Name Lanz vom Markt, wobei allerdings im Mannheimer Werk weiterhin der Großteil von Deere-Traktoren für den europäischen Markt und sogar für den Rückexport in die Vereinigten Staaten gebaut wurde.

Broschüre für den Lanz Bulldog D8500 aus den 30er Jahren
Oben: *Lanz D 8500 N mit klassischem Einzylinderglühkolbenmotor und Gußrädern mit Straßenreif. Der Motor leistete 35 PS. Diese Broschüre stammte vom britischen Importeur, der Lanz Tractor Company Ltd. in London.*

Hermann Lanz und Hela

Ein weiterer Traktor mit dem Namen Lanz wurde von Hermann Lanz ab 1929 in Aulendorf gebaut. Hermann Lanz taufte seine Maschinen nach dem 2. Weltkrieg in Hela um, um die ansonsten unvermeidliche Verwechslung mit den von Heinrich Lanz gebauten Traktoren zu vermeiden.

Lanz HR4 Prototyp aus den 20er Jahren
Unten: *Dieser Prototyp besaß Vollgummibereifung und einklappbare Greifer. Die Baureihe HR ging 1928 in die Produktion und wurde im Baujahr 1935 überarbeitet.*

Lanz Eil-Bulldog HR9 von 1939
Gegenüberliegende Seite oben: Leo »Lanz« Speer vor seinem Landmaschinenmuseum in Rimbach

Lanz Eil-Bulldog HR9 von 1939
Gegenüberliegende Seite unten: Der Eil-Bulldog bot dem Fahrer eine komfortable Arbeitsumgebung und Schutz durch eine Windschutzscheibe. Man beachte den langgezogenen Kraftstofftank hinter der Sitzbank.

LANZ Museum

Lanz Bulldog D 2206 von 1952

Links: Der kleine Lanz von 1952 besaß einen 22-PS-Einzylindermotor mit 2,26 Litern Hubraum, der mit einer breiten Palette von rohen Treibstoffen gefüttert werden konnte. Im höchsten seiner sechs Gänge kam er auf 20 km/h; im niedrigsten Gang konnte er 18 Tonnen ziehen.

Lanz Eil-Bulldog HR9 von 1939
Oben: Vorderansicht des Eil-Bulldog HR9 von 1939 mit Straßenausstattung. Von diesem Modell wurden 1937, im ersten Jahr, 185 Exemplare gebaut; die höchste Produktionszahl wurde 1939 mit 528 Exemplaren erreicht.

Lanz Eil-Bulldog HR9 von 1939
Links: Dieser Eil-Bulldog von 1939 wurde von einem 10,3-Liter-Motor angetrieben. Diese Modelle für die Straßen besaßen fünf oder sechs Gänge, die sich während der Fahrt wechseln ließen, und eine Höchstgeschwindigkeit von 40 km/h.

Lanz Bulldog D 9506 von 1951
Oben: Der Bulldog D 9506 besaß einen 45-PS-Motor mit Glühkopfzündung und massigen 10,3 Litern Hubraum.

Schnittzeichnung eines Lanz Bulldog aus den 50er Jahren
Unten: Antriebsstrang eines typischen Lanz Bulldog mit Einzylindermotor und gefederter Vorderachse.

Lanz Bulldog D 7506 von 1950
Die Bulldog-Modelle mit Luftreifen wurden unter der Bezeichnung »Ackerluft« geführt. Der D 7506 besaß eine Nennleistung von 25 PS; Besitzer: Jim Thomas, Wokingham, Großbritannien.

Lanz B Bulldog D 2806 von 1954
Oben: Der D 2806 von 1954 besaß einen 3,7-Liter-Einzylindermotor mit 28 PS.

Broschüre zum Lanz Bulldog T aus den 50er Jahren
Rechts: Lanz bot auch Raupenschlepperausführungen seines berühmten Bulldogs an, darunter das in dieser australischen Broschüre gezeigte Modell T mit 55 PS.

Lanz B Bulldog D 2806 von 1954
Gegenüberliegende Seite: Besitzer Daniel Binet mit Sohn Yoann auf dem Lanz Bulldog D 2806. Viele deutsche Traktoren der damaligen Zeit hatten Sitze auf den Kotflügeln.

LANZ
BULLDOG

MAN

Die Maschinenfabrik Augsburg-Nürnberg (MAN) arbeitete bereits 1897 mit Rudolf Diesel in der Entwicklung der ersten Dieselmotoren zusammen. Ab 1915 baute MAN Lastkraftwagen, die ab 1924 mit Vierzylinder-Dieselmotoren ausgestattet waren.

Nach begrenzten Erfolgen mit Motorpflügen stellte MAN 1924 eine Reihe von landwirtschaftlichen Traktoren vor, die mit ähnlichen Dieselmotoren wie die Lastkraftwagen ausgestattet waren. Die Nachfrage war allerdings wiederum so klein, daß das Traktorgeschäft wenige Jahre später wieder aufgegeben wurde.

1938 nahm MAN den Traktorbau mit dem AS 250 mit 50-PS-Motor wieder auf, der im Programm blieb, bis die Produktion auf Kriegsmaterial umgestellt wurde. Während des Krieges übernahm MAN das französische Latil-Werk, um dort ebenfalls Kriegsmaterial zu produzieren.

Der nächste Abstecher in den Markt der landwirtschaftlichen Maschinen erfolgte 1949 mit 25-PS-Modellen, die insofern bemerkenswert waren, als sie mit Zwei- oder Vierradantrieb zu haben waren. Schon bald darauf wurde der Allradantrieb zur großen Stärke von MAN bei allen Traktoren von 25 bis 45 PS. Mit Lastkraftwagen ließen sich jedoch weitaus bessere Geschäfte machen, und 1958 wurde die MAN-Traktorsparte mit dem Traktorbau bei Porsche vereinigt. Im Jahre 1962 baute Mannesmann als neuer Besitzer der Porsche-Traktorsparte den letzten von etwa 40 000 MAN-Traktoren, die seit 1924 verkauft worden waren.

MAN 4S2 von 1959
Rechts: Christian Denis blickt aus der Kabine seines 4S2 von 1959, der über die gesamte ab Werk erhältliche Sonderausstattung verfügt. Auf dem Kühlergrill die Initialen der Maschinenfabrik Augsburg-Nürnberg über der Aufschrift Ackerdiesel und zwei historischen Plaketten.

MAN AS440H von 1955
Gegenüberliegende Seite oben: Der AS440H war eins der ungewöhnlichen MAN-Modelle mit Zweiradantrieb. Sein Vierzylinderdiesel leistete 40 PS.

MAN 4S2 von 1959
Gegenüberliegende Seite unten: Der vierradgetriebene 4S2 besaß normalerweise einen 50-PS-Vierzylinderdiesel, doch dieser Traktor ist mit einem kräftigeren Sechszylinderdiesel mit 120 PS ausgestattet; Besitzer: Christian Denis, Limbourg, Belgien.

Broschüre zum MAN 4N2 von 1961
Oben: Der 4N2 besaß einen wassergekühlten 28-PS-Zweizylinderdiesel und Vierradantrieb.

MAN 4R3 von 1961
Rechts: Der 4R3 wurde von einem 45-PS-Vierzylinderdiesel angetrieben. Er verfügte über Vierradantrieb und hinten über eine Winde für die Waldarbeit; Besitzer: Christian Denis, Limbourg, Belgien.

M·A·N
MAN
67

MAN 2KZ von 1961
Der 2KZ mit 21-PS-Motor hatte einen verlängerten Radstand zur Montage eines Fingermähers in der Mitte. Das »M« am Kühlergrill verweist auf ein 1954 entwickeltes und patentiertes Wirbelkammer-Verbrennungssystem.

Porsche und Allgaier

Dr. Ferdinand Porsche ist bekannt als Vater des Volkswagens und des gleichnamigen Sportwagens, aber er entwickelte und baute im Laufe der Jahre auch mehrere Traktoren. Während des 1. Weltkriegs arbeitete Porsche bei Austro-Daimler, wo er große vierradgetriebene Geschützschlepper und den Prototypen eines leichten Traktors für die Landwirtschaft konstruierte.

1937 in Deutschland griff Porsche auf diesen Prototyp zurück und konstruierte seinen *Volksschlepper* – sozusagen das Pendant zum Volkswagen. Der Traktor besaß einen luftgekühlten Benzinmotor im Heck; die Ladefläche befand sich vorn. Von 1938 bis in die ersten Kriegsjahre hinein wurde ein kleine Zahl von *Volksschleppern* gebaut.

1945 griff die Vorläuferin des Sportwagenherstellers Porsche die Idee des Volksschleppers wieder auf, doch jetzt bekam der Traktor einen vorn eingebauten luftgekühlten Zweizylinderdiesel.

Allgaier baute ab 1946 einfache Traktoren mit Einzylindermotor, übernahm aber 1949 den Porsche-Traktor und fertigte etwa 25 000 Allgaier Porsche, bis sich die Firma 1957 wieder ihrer eigentlichen Spezialität, dem Werkzeugmaschinenbau, zuwandte.

Zu diesem Zeitpunkt erwarb die Mannesmann-Gruppe von Porsche die Traktorenbaulizenz und verlegte die Produktion von Uhingen nach Friedrichshafen. 1958 übernahm Mannesmann die MAN-Traktoranteile und baute Porsche-Traktoren; die Palette umfaßte damals die Modelle Junior, Standard, Super und Master mit Ein-, Zwei-, Drei- und Vierzylindermotoren zwischen 14 und 50 PS und zu neunzig Prozent gleichen Teilen. 1964 ging die Mannesmann-Traktorsparte an Renault, und der Name Porsche verschwand vom Traktorenmarkt.

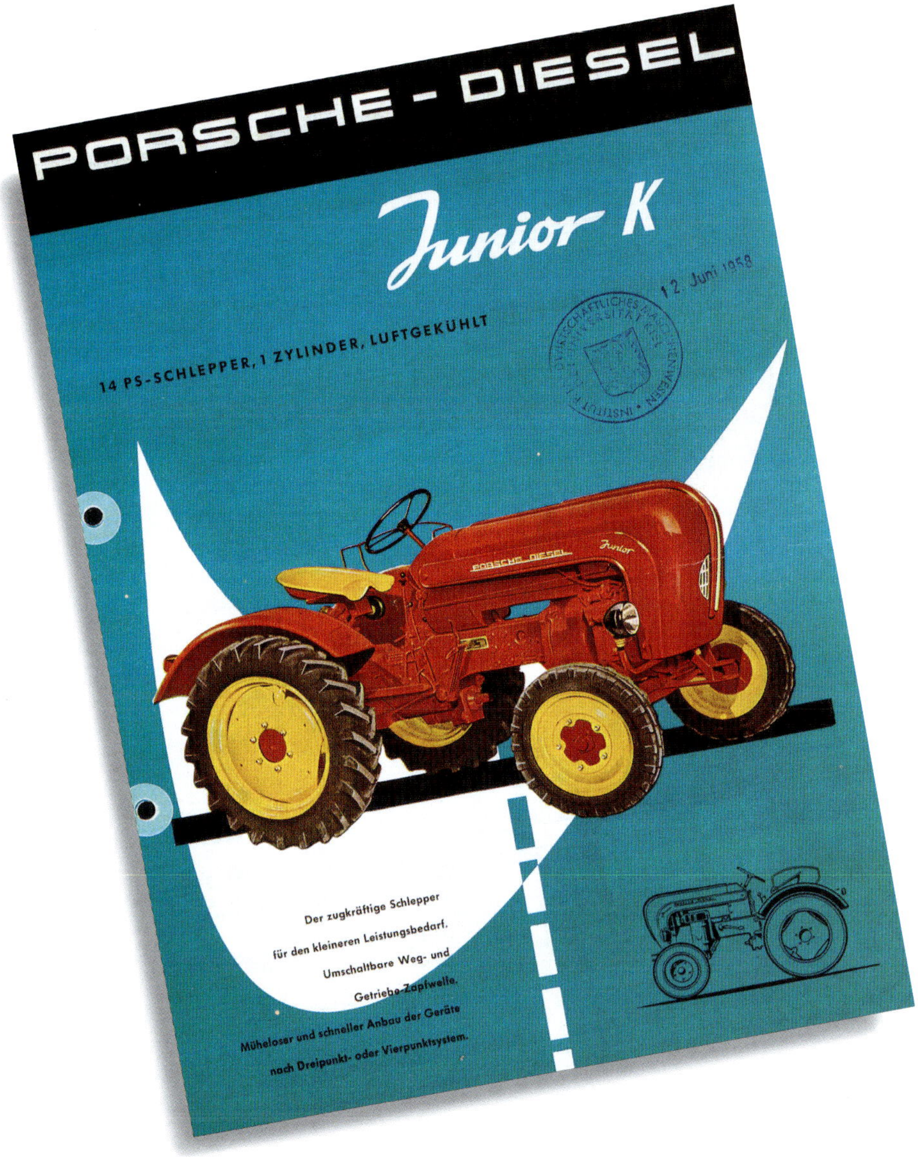

Broschüre zum Porsche Junior K von 1958

Links: Der Junior K besaß einen luftgekühlten Einzylindermotor mit 14 PS, sechs Vorwärts- und zwei Rückwärtsgänge, einen Zapfwellenantrieb mit 540/2000 U/min und eine hydraulische Hebevorrichtung.

Porsche Junior V von 1959

Unten links: Dieser Junior V ist immer noch im Einsatz. Der kleine Porsche wurde angetrieben von einem luftgekühlten Einzylinderdiesel mit 0,8 Liter Hubraum; Besitzer: H. Grossmann, Taufkirchen.

Allgaier von 1950

Unten rechts: Dieser Allgaier von 1950 galt als »Standmotor auf Rädern«. Er besaß einen 18-PS-Einzylindermotor von Kaelble; Besitzer: Andrew und Chris Hecks.

Schlüter

Drei Generationen – Großvater, Vater und Sohn, alle mit Namen Anton Schlüter – haben die Firma Schlüter geführt, seit sie im Jahre 1899 gegründet wurde, um Maschinen für Industrie und Landwirtschaft zu produzieren.

1937 baute Schlüter den ersten Traktor, der von einem liegenden Einzylinderdiesel angetrieben wurde. Die folgenden Modelle waren meistens mit Ein- oder Zweizylinderdieseln mit stehenden Zylindern ausgestattet. In den ersten zwanzig Jahren wurden etwa 30 000 Traktoren gebaut.

In den sechziger Jahren gehörte Schlüter in Europa zu den ersten Unternehmen, die auf mehr Motorleistung setzten. Im Programm waren damals beeindruckende Modelle, oftmals mit Vierradantrieb; sie besaßen Vier-, Sechs- und sogar Siebenzylindermotoren mit bis zu 135 PS. Ab 1966 gab es als Sonderausstattung bequeme Kabinen. 1969 stellte Schlüter einen Achtzylinder-Reihenmotor mit Turbolader vor, der aus 9,5 Litern Hubraum 180 PS entwickelte. In den siebziger Jahren wurden teilweise MAN-Motoren eingesetzt, der stärkste davon mit 500 PS im V-12 Super-Trac des Jahres 1978.

Um 1980 brachte Schlüter als Neuheit Traktoren mit hydraulisch abkippbarer Kabine und Vierradlenkung sowie vier gleich großen Rädern. Diese neuen Modelle waren mit eigenen Sechs- und Achtzylindern mit bis zu 200 PS oder mit MAN-Sechszylindern mit bis zu 12,25 Litern Hubraum ausgestattet; die Schlüter-Sechszylinder fanden auch Verwendung für die Raupenschlepper von Hanomag.

Der Markt für diese teuren Maschinen war natürlich klein. Schlüter mußte fast aufgeben, als mit Jugoslawien (das bis 1982 rund 600 Traktoren abgenommen hatte) durch finanzielle Schwierigkeiten und den anschließenden Bürgerkrieg eines der besten Absatzgebiete verloren ging. Die Firma Schlüter wechselte im Verlauf der letzten Jahrzehnte mehrfach den Besitzer und gehört heute zur Schlepperteil Egelseer GmbH, die auch die Rechte am MB-Trac von Mercedes-Benz hält.

Schlüter-Broschüre aus den 40er Jahren
Angesichts der Treibstoffknappheit im 2. Weltkrieg wichen viele deutsche Traktorhersteller auf Motoren aus, die mit Generatorgas betrieben wurden, das durch Zugabe von Wasser zu Anthrazit, Kohle, Holz oder anderen brennbaren Stoffen gewonnen wurde. Dieser Schlüter mit 25/28 PS besaß eine Zugkraft von 13,5 Tonnen.

Schlüter DZM25 von 1939
Dieser Traktor ist eines der ältesten erhaltenen Fahrzeuge der renommierten Firma. Er besitzt einen 2,7-Liter-Zweizylinderdiesel mit 25 PS und ein Vierganggetriebe. Der Besitzer Nick Baldwin erhielt ihn Anfang der achtziger Jahre von dem bayerischen Landwirt Fritz Nischwitz aus Freising.

Schlüter AS 15D von 1953
Oben: Dieser Schlüter mit 15-PS-Motor besitzt einen elektrischen Anlasser und einen Hebel, über den die Form der Vorkammer verändert werden kann, damit das Gemisch besser zündet. Als Antrieb dient ein 1,6-Liter-Einzylindermotor mit Fünfganggetriebe; Besitzer: Nick Baldwin, Barrington, Großbritannien.

Broschüre zum Schlüter AS 15 von 1955
Links: Dieser AS 15 besaß einen wassergekühlten 1,5-Liter-Motor mit 15 PS und ein Getriebe mit fünf Vorwärtsgängen und einem Rückwärtsgang.

Sonstige

Bautz

Die Firma Bautz stellte Erntemaschinen her, bevor sie im Jahre 1948 mit Traktoren mit MWM-Motoren auf den Markt kam. Später baute sie in Lizenz stärkere British-Nuffield-Traktoren, bis sie Anfang der sechziger Jahre von Hanomag übernommen wurde.

Bungartz

Bungartz baute in den dreißiger Jahren Traktoren, machte sich dann aber in den fünfziger und sechziger Jahren einen Namen mit Schmalspurtraktoren für den Weinbau, die oft von luftgekühlten Hatz-Motoren angetrieben wurden.

Güldner

Güldner lieferte Motoren für andere Traktorhersteller wie etwa Fahr, war aber von 1936 bis weit in die sechziger Jahre auch selbst ein relativ bedeutender Traktorhersteller.

FAMO

Das Spezialgebiet der Firma FAMO war von Mitte der dreißiger bis Ende der fünfziger Jahre der Bau von Raupenschleppern. Sie hatte aber auch ein paar Radtraktoren im Angebot.

Hatz

Hatz lieferte Motoren für andere Traktorhersteller wie etwa Bungartz, bot aber von 1953 bis 1964 auch eigene Traktoren mit Motoren zwischen 14 und 35 PS an.

Hatz TL 33 von 1959
Oben: Wie MWM baute Hatz Motoren für andere Unternehmen, ab 1954 aber auch komplette Traktoren. Dies ist nach derzeitigem Wissensstand der einzige erhaltene Hatz TL 33; Besitzer: Corry Nijsen, Bocholt, Belgien.

Bungartz T5 von 1961 und Bungartz T5E von 1968
Nach der Gründung der Firma in den dreißiger Jahre spezialisierte sich Bungartz vierzig Jahre lang auf den Bau von Schmalspurtraktoren für den Weinbau: links ein T5 mit 16-PS-Motor von 1961 und rechts ein T5E mit 13-PS-Motor von 1968, beides luftgekühlte Hatz-Diesel. Die Fahrer sind Bart und Johan Sauwen.

Hatz T13 aus den 50er Jahren
Oben: Dieser T 13 ist einer der ersten Hatz-Traktoren. Er wurde angetrieben von einem wassergekühlten 1,12-Liter-Einzylinderdiesel; Besitzer: Corry Nijsen, Bocholt, Belgien.

Normag Kornett 1 von 1955
Unten: Ab Mitte der dreißiger Jahre baute Normag als einer der kleineren deutschen Hersteller etwa zwanzig Jahre lang Traktoren. Dieser Kornett 1, eines der späteren Modelle, besaß einen 1,3-Liter-Einzylinder-Zweitakt-Diesel mit Absaugpumpe, der 12/14 PS leistete.

Kramer

Die Kramer-Werke in Gutmadingen bauten in den fünfziger Jahren Traktoren bis hin zu Unimog-ähnlichen Fahrzeugen. Sie sind heute noch im Bereich Baumaschinen tätig.

Normag

Die Normag baute ab 1938 Traktoren und setzte in den letzten Modellen von 1956 40-PS-Motoren von O+K ein. Sie ging in der Mannesmann-Gruppe auf, die die Porsche-Traktorsparte erworben hatte.

O+K

Die 1876 von Benno Orenstein und Arthur Koppel in Berlin gegründete Kranbaufirma bot von den dreißigern bis in die fünfziger Jahre in mehreren Phasen auch Traktoren an.

Stihl

Die Firma Stihl, heute bekannt für ihre Kettensägen, hatte von 1948 bis 1960 auch Traktoren im Programm.

DIESEL

Großbritannien

Die Traktorhersteller in Großbritannien verstehen sich seit langer Zeit als Pioniere und Neuerer. Zu den Pionieren im Bereich Dampfmaschinen gehörten Clayton, McLaren, Fowler, Foden, Marshall, Garrett und Aveling-Porter. Dann gab es die Neulinge im Bereich Traktorbau, die einen anderen Hintergrund hatten, darunter Nuffield, Leyland, Turner, Austin und Bristol. Daneben gehörten Firmen wie Petter, Ransomes, Sharp, Ivel und Saunderson weltweit zu den ersten, die relativ leichte und praktische Ackerschlepper konstruierten.

In allen Ländern mit Autoindustrie gab es zu Anfang Dutzende von hoffnungsvollen Traktorherstellern, von denen sich jedoch nur wenige durchsetzen konnten. Aber in Großbritannien kamen die Erfinder auf interessante Ideen, so etwa beim Ideal von 1910 mit seiner »modernen« Frontmotor-Konstruktion, dem Zapfwellenantrieb und der hydraulischen Hebevorrichtung. Daneben war der Darby-Marshall von 1913 mit einer mechanisch angetriebenen Motorhacke ausgestattet. Es gab Hunderte von anderen Marken – teils gut, teils schlecht. Andere Hersteller waren innovativ, konnten sich aber nicht durchsetzen, darunter Sentinel, Foden und Mann, die gemeinsam versuchten, der Konzeption leichter Dampfschlepper anstelle von schweren landwirtschaftlichen Maschinen zum Durchbruch zu verhelfen. Es überrascht vielleicht niemanden, daß Mitte der dreißiger Jahren von ihnen nicht mehr gesprochen wurde.

Marshall IIIA von 1955
Gegenüberliegende Seite: Dieser Marshall IIIA besaß einen 4,9-Liter-Einzylinder-Zweitaktdiesel; Besitzer: Malcom Goddard, Tiverton, Großbritannien.

Oben: **Werbung für den Ransomes MG5 aus den 50er Jahren**

Zum großen Teil aufgrund seiner langjährigen Verbindungen zu nordamerikanischen Traktorherstellern wurde Großbritannien nach dem 2. Weltkrieg zum weltweit größten Traktorexporteur. 1948 überstieg die britische Traktorproduktion zum ersten Mal 100 000 Einheiten im Jahr; 1962 wurden 200 000 Einheiten überschritten, von denen in der Regel 75 Prozent in den Export gingen. Ford England avancierte nach der Verlegung der Fordson-Standard-Produktion nach Dagenham in den dreißiger Jahren zum größten Hersteller. Die amerikanischen Unternehmen International und Allis-Chalmers errichteten in Großbritannien vor dem 2. Weltkrieg große Werke, die in alle Welt exportierten und zur britischen Exportstärke beitrugen; Das International-Werk wurde später von der Firma Case gekauft, die heute dort ihren Case International produziert. Auch die kanadische Massey-Harris baute in Großbritannien nach dem Krieg ein eigenes Werk, und als Massey im Jahre 1953 Ferguson erwarb, war das die Geburtsstunde eines weiteren internationalen Giganten.

Werbung für den Garrett Traction Roadless aus den 30er Jahren
Oben rechts: Garrett baute den Rahmen für den AGE-Traktor und den hier abgebildeten Raupenschlepper Traction Roadless, der nach dem Zusammenbruch der AGE-Gruppe mit einem Gardner-Dieselmotor mit 33/38 PS weiterproduziert wurde.

International BWD-6 aus den 50er Jahren
Rechts Mitte: Der in Großbritannien gebaute International BWD-6 war von 1954 bis 1958 im Programm. Er besaß einen großen Vierzylinderdiesel mit 50,5 PS.

Allis-Chalmers ED-40 von 1960
Rechts unten: Dieser ED-40 wurde 1960 in Essendine gebaut. Er besaß einen 40-PS-Vierzylinder-Standarddiesel. Das Werk in Essendine wurde 1968 geschlossen.

ECONOMICAL POWER.

Austin

45-55 H.P. DIESEL TRACTOR.

Modern farming requires the use of newer forms of power.

By greatly reducing the running costs, increasing the output, and the ability of being able to take advantage of all favourable weather conditions, the 45-55 H.P. AUSTIN DIESEL TRACTOR, represents an enormous superiority over older and obsolete forms of farm power

The 45-55 H.P. AUSTIN DIESEL TRACTOR, fitted with low pressure pneumatic tyres, can work on the land or travel on the highways without the extra work of changing over wheel equipment. Used in conjunction with a threshing outfit, or an agricultural trailer, it makes an ideal combination. For ploughing or other land work, the tyre treads dig in and give all the necessary grip on almost every type of soil.

Other wheel equipment consists of steel front and rear wheels, with quick detachable rear wheel rims fitted with efficient cleats, giving maximum adherence under worst conditions.

For further information, please address your inquiries to.—

Broschüre zum Austin Diesel aus den 30er Jahren
Oben: Der britische Austin-Traktor entwickelte sich unabhängig in den zwanziger und dreißiger Jahren in Frankreich. Höhepunkt der Entwicklung war dieses Modell mit 7,3-Liter-Dieselmotor mit 45/55 PS und Sechsscharpflug.

Austin Diesel aus den 30er Jahren
Unten: Das französische Austin-Werk in Liancourt stand unter der Leitung von Robert Rothschild, der auch als französischer Hanomag-Importeur fungierte. Hier ein Modell von Anfang der dreißiger Jahre mit untersetzter Anlasserkurbel.

Austin

Es gab viele Ähnlichkeiten zwischen Henry Ford und Herbert Austin. Beide stammten aus der Landwirtschaft, und beide erkannten, welches Potential in der Serienfertigung steckte. Austin, der mit seinem Geburtsjahr 1866 drei Jahre jünger war als Ford, fand eine revolutionäre Möglichkeit, die Schafschur zu mechanisieren, bevor er mit dem Bau seiner Autos ein Vermögen verdiente.

Im 1. Weltkrieg wurden die britischen Landarbeiter und Pferde für die Kriegsanstrengungen mobilisiert, und deshalb brauchte das Land dringend Traktoren, um seine Bevölkerung ernähren zu können. Herbert Austin wurde von der britischen Regierung damit beauftragt, sich nach geeigneten amerikanischen Traktoren umzusehen. Seine Wahl fiel auf den neuen Leichttraktor Fordson von Henry Ford.

Herbert Austin mochte amerikanische Autos und nahm sein Lieblingsauto Hudson als Grundlage für seinen nach dem 1. Weltkrieg gebauten Austin Twenty. Wie Ford bei seinem 20-PS-Auto versuchte Austin die Kosten zu senken, indem er den gleichen 20-PS-Austin-Motor für Traktoren, Lastkraftwagen und Pkw verwendete. Sein Traktor von 1919 erinnerte nicht nur flüchtig an den Fordson; in Spitzenzeiten wurden 66 Einheiten in der Woche hergestellt. Doch Austins Traktorpläne gingen schon bald nicht mehr auf, als nämlich der importierte Fordson billiger angeboten wurde und eine Steuer auf die Motorleistung den Verkauf von Autos mit großvolumigen Motoren in Großbritannien erschwerte.

Austin kaufte einen landwirtschaftlichen Betrieb und ein Werk im französischen Liancourt, um dort seine Traktoren zu bauen, die schließlich sogar nach Großbritannien exportiert wurden, obwohl auch dort die Produktion in begrenztem Umfang bis 1927 aufrecht erhalten wurde.

Auf der Pariser Landwirtschaftsausstellung 1933 stellte Austin eine neue Baureihe größerer Traktoren mit benzin-/kerosinbetriebenen Motoren von bis zu 55 PS vor. Es folgte ein Modell mit 45/55-PS-Dieselmotor, das in Frankreich gebaut wurde, als Austin in Großbritannien noch längst nicht an ein Dieselfahrzeug dachte.

Der Austin-Traktorbau endete mit Beginn des 2. Weltkriegs. Robert Rothschild, der Leiter des Werks in Liancourt, und einige seiner Kollegen wurden von den Nazis umgebracht, und der deutsche Rüstungskonzern Krupp übernahm das Werk.

Blackstone und Garrett

Blackstone war ein Hersteller landwirtschaftlicher Geräte und stellte 1896 seinen ersten Ölmotor mit Lötlampenzündung vor. 1912 konstruierte die Firma einen bemerkenswerten Dieselmotor, bei dem ein Gebläse einen kerosinähnlichen Kraftstoff verstäubte und dann mittels Funken zündete. Auf diese Weise konnte der Motor in kaltem Zustand angelassen werden und brauchte nicht mit einem Glühkolben vorgewärmt oder mit Benzin betrieben zu werden, bis er warm genug war, um auf Kerosin umzuschalten. Ein Dreizylinderversion dieses Motors mit 25 PS wurde gegen Ende des 1. Weltkriegs in einen Raupenschlepper eingebaut, der zusammen mit Radtraktoren bis 1925 gefertigt wurde.

1929 baute Blackstone Dieselmotoren für Traktoren anderer Angehöriger der kurzlebigen Gruppe Agricultural & General Engineers (AGE). Die Firma Garrett in Leiston montierte eine kleine Anzahl dieser Traktoren, die unter den Namen AGE und Garrett in den Vertrieb gingen. Die Traktoren, die sich in der Konstruktion ansonsten eng an den International 30/50 anlehnten, waren weltweit die ersten mit schnellaufenden Mehrzylinderdieselmotoren. Bei den World Tractor Trials im Jahre 1930 pflügte der 36-PS-Traktor 1500 Stunden lang mit nur einer Unterbrechung.

Als die AGE-Gruppe Anfang der dreißiger Jahre zusammenbrach, machte Blackstone als Motorenbauer weiter und gelangte 1937 unter das Dach der Lister-Gruppe.

Bristol 20 von 1947

Der Bristol-Raupenschlepper wurde Anfang der dreißiger Jahre entwickelt und im Laufe der Jahren mit vielen verschiedenen Motoren ausgeliefert. Dieser Bristol 20 von 1947 wurde von einem »Austin 16«-Automotor angetrieben.

Bristol

Bristol konstruierte einen neuartigen Raupenschlepper mit gummibesetzten Gleisketten und luftgekühltem Zweizylinder-Boxermotor von Douglas mit 1,2 Litern Hubraum, der Anfang der dreißiger Jahre von Walter Hill, einem ehemaligen Fordson-Beschäftigten, auf den Markt gebracht wurde.

Mitte der dreißiger Jahre wurde die Firma von William Jowett übernommen. Jowett hatte wassergekühlte Versionen der Douglas-Motoren für die Bristol-Traktoren geliefert. Von 1938 bis 1942 waren weiterhin Dieseltraktoren mit liegenden Zweizylindermotoren von Coventry-Victor im Programm.

Nach dem 2. Weltkrieg wurde der Bristol-Traktor mit Austin-Benzinmotoren ausgestattet, bis in den fünfziger Jahren überwiegend Perkins-Diesel verwendet wurden. 1970 wurde Bristol von Marshall übernommen.

Bristol 20 von 1947

Der Bristol 20 fuhr auf Roadless-Gleisketten. Sein Nachfolger Bristol 22 wurde mit A70-Motoren von Austin oder mit Perkins-Diesel geliefert.

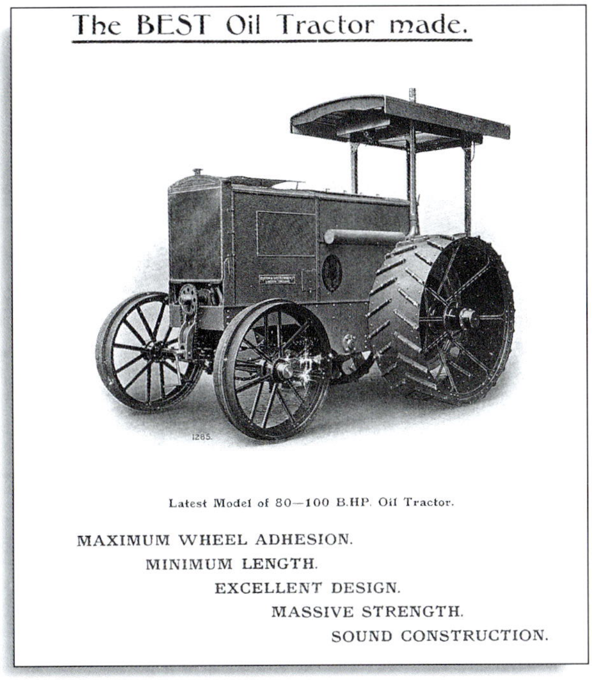

Broschüre zum Clayton & Shuttleworth Oil Tractor von 1911
Oben: Laut dieser Broschüre von 1911 war Clayton & Shuttleworth der weltweit größte Hersteller von Dampfdreschmaschinen mit 100000 Geräten im Einsatz. Der Oil Tractor von 1911 war eine massige Vierzylindermaschine mit 80/100 PS. Daneben gab es Ausführungen mit 45 und 60 PS.

Clayton & Shuttleworth

Die Clayton & Shuttleworth Ltd. in Lincoln begann als Dampfmaschinenhersteller und entwickelte sich zu einem bedeutenden Zugmaschinenhersteller in Großbritannien und Mitteleuropa, wo die Firma an der ungarischen HSCS beteiligt war. Bereits 1869 hatte sie 1800 Lokomobile verkauft und war damit der weltweit größte Produzent.

Im Jahre 1911 stellte die Firma einen Traktor mit vierzylindrigem Ölmotor hinter einem Automobilkühler vor. Die Motorhaube und das Dach aus Blech waren für die damalige Zeit extrem fortschrittliche Konstruktionsmerkmale. 1916 folgten dem Öltraktor der gleichermaßen futuristische Raupenschlepper »Chain-Rail« mit Benzin-/Kerosinmotor sowie ein Geschützschlepper mit 100-PS-Motor, der dem amerikanischen Holt ähnelte. Der landwirtschaftliche Traktor mit 40 PS hielt sich bis in die zwanziger Jahre.

1929 wurde Clayton & Shuttleworth von der Firma Marshall aufgekauft, die speziell an dem in der Entwicklung befindlichen Mähdrescher interessiert war.

County

Die im Jahre 1929 gegründete County Commercial Cars Ltd. erzielte eines Großteil ihres Erfolgs mit der Umrüstung von Ford-Produkten für spezielle Aufgaben wie etwa in der Waldarbeit, bei der Torfgewinnung oder im Lastentransport. County begann mit der Umrüstung von Ford-Lastkraftwagen von zwei auf drei Achsen. Ab 1948 baute die Firma den Fordson Major zum Raupenschlepper um und ließ diesem im Jahre 1954 eine Ausführung mit vier gleich großen Rädern, aber immer noch mit Lenkbremsen für die Zuckerrohrernte folgen. Ende der fünfziger Jahre besaßen die von County modifizierten Fordson-Traktoren immer noch vier gleich große Räder, doch jetzt wurde über die beiden vorderen gelenkt.; 1965 entstand eine Ausführung, bei der der Fahrer vorn saß und eine recht große Ladefläche hinter sich hatte. Nach fünfundzwanzig Jahren mit der Umrüstung von Ford-Traktoren war County das bei weitem größte Unternehmen auf diesem Gebiet mit einem Gesamtumsatz von 30000 Maschinen.

Als Ford Ende der siebziger Jahre selbst vierradgetriebene Traktoren baute, ließ das Geschäft für County und andere Umrüster natürlich nach. 1982 stattete County seine umgerüsteten Ford-Produkte mit Perkins-Dieselmotoren aus. Das Unternehmen ist noch heute in kleinem Maßstab auf dem Markt für vierradgetriebene Spezialtraktoren vertreten.

Broschüre zum County Fourdrive aus den 50er Jahren
Der vierradgetriebene Fourdrive besaß Kettenantrieb an den vier Rädern, Lenkbremsen wie ein Raupenschlepper und eine Höchstgeschwindigkeit von 22 km/h.

Ferguson-Brown Type A von 1933
Oben: Original-Ferguson-Brown von 1933 mit dem Pflug und der Dreipunktkupplung, auf die Harry Ferguson das Patent hielt. Im Hintergrund ist zwischen zwei Ferguson TE-20 eins der bei David Brown gebauten Modelle zu sehen.

David Brown Cropmaster von 1947
Unten: Der Cropmaster mit seinem 25/35-PS-Vierzylinder mit nassen Zylinderbüchsen konnte mit einem Sechsganggetriebe und elektrischen Anlasser ausgestattet werden.

David Brown

Die seit 1860 als Getriebehersteller tätige Firma David Brown aus Meltham stieg 1936 in die Fertigung der ersten Traktoren des Iren Harry Ferguson ein. Sie baute insgesamt 1350 Einheiten des technisch fortgeschrittenen Ferguson-Brown Type A mit den vielen auf Ferguson eingetragenen Patenten.

Als Henry Ford und Ferguson per Handschlag ihr legendäres Abkommen besiegelten, machte David Brown auf eigene Faust im Traktorbau weiter und lieferte viele Traktoren als Flugzeugschlepper an die britische Luftwaffe. Die Firma entwickelte zwei Ausführungen für die Landwirtschaft, nämlich den VAK-K mit Kerosinmotor und den VAG-G mit Benzinmotor. Diese Modelle besaßen Schutzvorrichtungen für die Knie und Sitzbänke. 1947 wurden sie von der verbesserten Cropmaster-Baureihe ersetzt, die teilweise über Sechsganggetriebe verfügten. Dieselmotoren wurden 1949 in das Programm aufgenommen.

Nach dem Kauf des Landmaschinenherstellers Albion in der Mitte der fünfziger Jahre bot David Brown ab 1955 eine komplette Palette von Traktoren und landwirtschaftlichen Geräten an. Mittlerweile hatte der Firmenbesitzer David Brown durch den Erwerb der bekannten Sportwagenschmieden Aston Martin und Lagonda (die

später an Ford gingen) einige Bekanntheit im Lande erlangt.

1956 entstand der 100000. David-Brown-Traktor, und die Firma baute weiterhin technisch ausgereifte Maschinen mit neuester Hydraulik und Kraftübertragung, die teilweise auch an das amerikanische Unternehmen Oliver geliefert wurden.

1972 ging David Brown an die amerikanische Firma Tenneco, die die Modellreihen von Case und David Brown in ihr Programm integrierte. Der bekannte britische Name verschwand 1983 aus den Listen. Im Laufe der Jahre fanden über eine halbe Million David-Brown-Traktoren einen Käufer.

David Brown 30D von 1954
Oben: Blick aus Fahrersicht auf das Armaturenbrett des 30D. Der Fahrer brauchte sich nur um Öldruck und Batteriespannung zu kümmern.

David Brown 30D von 1954
Unten: Im Cropmaster setzte David Brown zum ersten Mal Dieselmotoren ein, die anschließend mit dem Direkteinspritzer im 30D der Jahre 1953–58 verbessert wurden. Neben diesem 30D mit 34-PS-Diesel stand der 30C mit Benzin-/Kerosinmotor zur Verfügung. Hinter dem Traktor ein passender Albion-Feldhäcksler; Besitzer: Mike Fletcher, Wellington, Großbritannien.

David Brown 25C von 1953
Links: Der 25C war ein 32-PS-Benzintraktor, hier mit Mil-Frontlader. Ab 1954 besaßen die David-Brown-Traktoren eine komplizierte Hydraulik mit spezieller Traktionskontrolle; Besitzer: Mike Fletcher, Wellington, Großbritannien.

Broschüre zum David Brown VAKI aus den 40er Jahren
Unten: Ein VAKI mit 26/35-PS-Vierzylinder aus der Zeit gegen Kriegsende

Ferguson und Massey-Ferguson

Der 1884 in Nordirland geborene Harry Ferguson beschäftigte sich mit Autos, Motorrädern, Flugzeugen und, ab 1914, Traktoren für die Landwirtschaft. Er hielt es für unsinnig, daß Traktoren auf großes Gewicht hin gebaut wurden, um eine möglichst große Traktion zu erreichen, und begann mit der Arbeit an einem Zughaken, der den Raddruck verstärkte, und an einem Pflug mit automatischer Tiefeneinstellung, die in den Vereinigten Staaten von der Firma Ferguson-Sherman Inc. in Evansville im Bundesstaat Indiana gefertigt wurden. Beide Ideen flossen in den zusammen mit David Brown gebauten Ferguson-Brown Type A des Jahres 1936 ein. Der Type A war der erste leichte Traktor mit einer ausgeklügelten Hydraulik für die Zugvorrichtung.

Auf der Grundlage eines per Handschlag besiegelten Abkommens zwischen Henry Ford und Ferguson verwendete das amerikanische Unternehmen Fergusons Ideen in den Traktoren Ford-Ferguson 9N und 2N, von denen zwischen 1937 und 1947 306221 Einheiten gebaut wurden.

Nach dem Tod Henry Fords entwickelte sich die Beziehung leider zum Schlechteren, und Ferguson baute in England die Produktion eines eigenen Traktors auf, der zu Beginn dem Ford-Ferguson verdächtig ähnlich sah. Gefertigt wurden die Ferguson-Traktoren bei der Standard Motor Company, einem Autohersteller; Ende der vierziger Jahren errichte Ferguson ein weiteres Werk in Detroit. 1951 wurden Traktoren mit Dieselmotoren in das Programm aufgenommen.

Im Jahre 1953 bildete die Harry Ferguson Inc. zusammen mit dem kanadischen Unternehmen Massey-Harris die Massey-Harris-Ferguson Ltd., meist nur als Massey-Ferguson bezeichnet. Ferguson hatte bis dahin 339420 Traktoren produziert. Harry Ferguson selbst hatte mit dem neuen Unternehmen wenig zu tun, sondern widmete sich weiter seinen Versuchen.

Nach der Übernahme durch Massey-Harris wurden die Ferguson-Traktoren mit Perkins-Dreizylinderdieseln ausgestattet; 1959 übernahm Massey-Ferguson die Firma Perkins. Massey-Ferguson-Traktoren wurden weiterhin im Standard-Traktorenwerk gefertigt, das 1959 in den Besitz von Massey überging. Ein bedeutendes neues Modell war der FE35 des Jahres 1956, der sich anfangs durch seinen goldfarben lackierten Motor-Getriebeblock von allen anderen Traktoren abhob; 1957 wurde aus dem F35 der grau-rot lackierte MF35. Auf bestimmten Märkten wurden die Traktoren zum Teil noch unter dem Namen Ferguson verkauft.

Harry Ferguson hatte sich immer für kleine, leichte, einfache und billige Maschinen ausgesprochen, doch nach seinem Tod im Jahre 1960 gingen die PS-Zahlen der Massey-Ferguson-Traktoren in die Höhe. 1960 wurde eine neuer, druckgesteuerter Zughaken eingeführt.

Wie überall in der Industrie kamen 1970 Sicherheitskabinen als Standardausstattung. Zu Beginn der siebziger Jahre brachte Massey-Ferguson ein neues Modell mit ölgekühlten Bremsen, Sechsganggetriebe, Drehzapfenlenkung und Vierradantrieb heraus und besaß damit zum ersten Mal eine vollständige Modellpalette, die in der Folgezeit bis zur Übernahme durch AGCO im Jahre 1995 noch ausgebaut wurde; kurz danach wurde der dreimillionste Massey-Ferguson-Traktor gebaut.

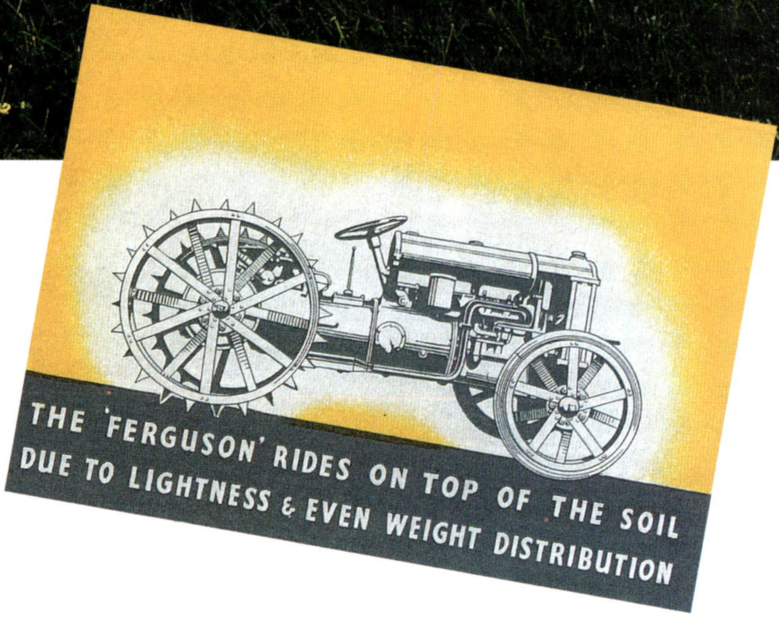

Ferguson TED-20 von 1955
Oben: Der TED-20 besaß eine 23,9 PS starke, auf Motorenpetroleum ausgelegte Ausführung des 25-PS-Motors der Standard Motor Company; Besitzer: Brian Whitlock, Yeovil, Großbritannien.

Broschüre zum Ferguson-Brown Type A aus den 30er Jahren
Rechts: Die Broschüre stellt die Vorteile des Ferguson-Traktors heraus, nämlich geringes Gewicht und gleichmäßige Gewichtsverteilung.

Ferguson TEF-20 von 1955
Oben: Auf kleinen Höfen in Großbritannien sind immer noch Hunderte von Ferguson-Traktoren im Einsatz. Die 2-Liter-Motoren der frühen Modelle basierten auf den Motoren der Limousine Standard Vanguard und des Sportwagen Triumph TR2.

Ferguson TEF-20 von 1955
Links: TEF-20 mit 25-PS-Diesel (2,0 Liter Hubraum) der Standard Motor Company. Der Ferguson war mit einer ganzen Reihe von Geräten für praktisch jede Aufgabe zu haben, die in der Landwirtschaft anfiel; Besitzer: Brian Whitlock, Yeovil, Großbritannien.

Fordson

Henry Fords bekannter Traktor wurde in Großbritannien bereits 1917 vorgestellt, ein Jahr bevor er in den Vereinigten Staaten auf den Markt kam. Ab 1919 baute Ford den Fordson F sowohl in Cork in Irland als auch in Dearborn im amerikanischen Bundesstaat Michigan. Im Jahre 1929 wurde die gesamte Fordson-Produktion nach Cork verlagert, und es erschien der verbesserte Fordson N mit größerem Motor, größeren Lagern und größerem Kühler sowie verstärkten Rädern.

1933 wurde die Fordson-Fertigung in ein neues Werk in Dagenham in England verlegt, von wo aus der Traktor auch in die Vereinigten Staaten und nach Kanada exportiert wurde. Mit dem Wechsel nach England ging im Laufe der dreißiger Jahre eine allmähliche Entwicklung einher: Eine der tiefgreifendsten Änderung war die Umstellung vom Wasserbad- auf das kleinere Ölbadluftfilter im Jahre 1937. Ebenfalls 1937 erschien der vorwiegend für den amerikanischen und kanadischen Markt vorgesehene Allzweck-Breitspurtraktor Fordson All-Around.

1945 kam der Fordson E27N Major, der dem Fordson N technisch ähnlich war, aber über eine Dreipunkt-Hebevorrichtung für Anbaugeräte verfügte. Der E27N wurde zunächst mit Benzin- und Petroleummotor angeboten, bald darauf aber auch mit Perkins-Diesel.

1952 erschienen kompaktere Major-Modelle mit moderner Blechverkleidung, gefolgt von den viel kleineren Dexta-Modellen mit 32 Brems-PS. All diese Modelle wurden in großem Maßstab exportiert und legten das Fundament für eine umfassende Erweiterung der Modellpalette in den sechziger Jahren. Mitte der siebziger Jahre fertigte Ford in England 320 Traktoren am Tag und in Belgien noch einmal 120 Einheiten.

Seit einigen Jahren stellt Ford alle Dieselmotoren für die Traktorwerke in Großbritannien und den Vereinigten Staaten selbst her. Seit 1993 beherrscht Fiat über die New-Holland-Gruppe die Ford-Traktorsparte und baut die Traktoren unter der Bezeichnung »New Holland Ford«.

Fordson N Land Utility von 1939
Nachdem kleinere Stückzahlen dieses Modells ab 1929 in Cork in Irland gebaut worden waren, wurden zwischen 1933 und 1945 etwa 200000 Fordson N in Dagenham in England produziert.

Fordson N Land Utility von 1939
1935 erhielt der Fordson N Luftreifen. Der Traktor besaß zunächst 60-cm-Räder und erhielt 1939 70-cm-Räder. Dieser Fordson N verfügte über ein Ölbadluftfilter und ein von Harry Ricardo umkonstruiertes Motoroberteil, das für mehr Leistung sorgte; Besitzer: Dennis Crossman, Walton, Großbritannien.

Fordson N aus den 40er Jahren
Oben: Die ursprüngliche blaue Lackierung mit roten Schriftzeichen wechselte Ende 1937 zu durchgehend Orange und 1940 dann zu Grün, um die Traktoren vor der deutschen Luftwaffe zu tarnen. Während des Krieges baute Fordson 94 Prozent aller Traktoren in Großbritannien. Die Kühlerabdeckung war wichtig, weil der ursprünglich eingebaute Benzinmotor absichtlich überkühlt war und der Diesel im Betrieb noch weniger warm wurde.

Links: **Broschüre zum Fordson N Standard aus den 30er Jahren**

Fordson N Standard von 1937
Gegenüberliegende Seite: Dieser Fordson N im ursprüngliche Blau mit roter Beschriftung lief auf Eisenrädern, die vorn gegossen und hinten mit spatenförmigen Greifern gefertigt waren. Der Vierzylindermotor besaß 4,4 Liter Hubraum; Besitzer: Eric Coates, Southampton, Großbritannien.

Fordson

Fordson Dexta aus den 50er Jahren
Oben: Mit dem Dexta von 1957–1964 mit 32 PS besaß Ford ein Konkurrenzmodell zum Massey-Ferguson 35.

Broschüre zum Fordson Major von 1952
Unten: Der neue Fordson Major war 1952 entweder mit 3,6-Liter-Vierzylinderdiesel- oder -kerosinmotor oder mit 3,3-Liter-Vierzylinder-Benzinmotor zu haben. Das Getriebe hatte sechs Vorwärts- und zwei Rückwärtsgänge.

Fordson E27 N Major von 1946
Der E27N von 1946 war mit dem Motor des Fordson N ausgerüstet, an den allerdings jetzt ein elektrischer Anlasser angebaut werden konnte. Ab 1948 standen eine Hydraulik sowie Perkins-P6-Diesel zur Verfügung.

Fordson Dexta von 1959 und Fordson Super Major von 1962
Oben: Der Super Major im Vordergrund war erhältlich mit 44-PS-Vierzylinder-Benzinmotor und 52-PS-Dieselmotor, beide von Ford. Sein kleiner Bruder im Hintergrund ist der Dexta mit Perkins-P3-Diesel. Die Zylinderblöcke für den Dexta-Motor wurden von der Ford-Gießerei an Perkins geliefert; Besitzer des Super Major: Jonathan Philip, Looe, Großbritannien.

Fordson New Performance Super Dexta von 1964
Links oben: Der Super Dexta war ein leistungsstärkerer Ersatz für den Dexta. In den Vereinigten Staaten lief er unter der Bezeichnung Ford 2000 Diesel.

Ford-Northrop 5004 von 1965
Links unten: Die Firmen County und Roadless waren wohl die bekanntesten Umrüster von Ford-Traktoren auf Vierradantrieb, aber auch die Chaseside Company in Blackburn hatte von 1965 bis 1967 mit dem Northrop einen umgerüsteten Ford im Programm. Der Northrop basierte auf dem Ford 5000, und viele seiner Merkmale waren auch beim nachfolgenden Muir-Hill MH 101 zu finden; Besitzer: Duke Potter, Swindon, Großbritannien.

General und Rushton

Der General erschien 1928 als glatter Nachbau des Fordson. Beteiligt an seinem Bau war eines der größten britischen Unternehmen, die London General Omnibus Company, der das Nutzfahrzeugwerk AEC gehörte. George Rushton, der den Traktor baute, war auch an einem Ford-Händler beteiligt und ließ die Traktoren schon bald unter seinem Namen laufen. Weiterhin erwarb er das ACE-Werk, als diese Firma ihren Sitz von London nach Southall verlegte.

Rushton plante, 10000 Traktoren im Jahr zu bauen–eine absurde Idee angesichts der Tatsache, daß Fordson zu dieser Zeit auf eine Jahresproduktion von 3000 bis 4000 Einheiten kam. Beteiligt an dem Projekt war auch Walter Hill, der vorher bei Ford gearbeitet hatte und später bei Bristol und Muir-Hill tätig war.

Alle hochfliegenden Hoffnungen konnten nicht verhindern, daß das Unternehmen bald am Ende war. Es wurde aufgefangen von der Tractor (London) Ltd., die den kleinen Gartenbautraktor Trusty herstellte und im Laufe der dreißiger Jahre noch eine begrenzte Anzahl von Rushton-Traktoren fertigte.

Glasgow

Der Glasgow-Traktor des Jahres 1919 stellte einen Versuch dar, einen fortschrittlichen Dreiradtraktor in Serie zu fertigen. Der Glasgow war das geistige Kind dreier schottischer Firmen, nämlich Carmuirs Iron Foundry, John Wallace & Sons und D.L. Motors, die in einer ehemaligen Munitionsfabrik in der Nähe von Glasgow eine gemeinsame Fertigung aufbauten. Wie frühere Konstruktionen dieser Art – der Rose und andere in den Vereinigten Staaten und der Saunderson in Großbritannien – war er wirtschaftlich kein Erfolg, und zwar größtenteils aufgrund seiner komplizierten Bauweise und der Einführung des weitaus billigeren Fordson. Die Glasgow-Produktion wurde 1924 eingestellt.

Glasgow-Werbung aus den 20er Jahren
Oben: Draufsicht des kompakten Dreiradtraktor Glasgow. Als Antrieb für die innovative Maschine diente ein 27-PS-Motor von Waukesha bzw. ein in Schottland gebauter Schiebermotor.

General T34 von 1928
Unten: Der General am Ende eines Marathontests im Pflügen; zweiter von links ist George Rushton.

Ivel von 1902/03
Der Ivel von Dan Albone besaß einen Zweizylinder-Boxermotor mit 20 PS sowie jeweils einen Vorwärts- und Rückwärtsgang. Er wurde in Großbritannien und in den Vereinigten Staaten als erster leichter und unkomplizierter Traktor für die Landwirtschaft gebaut.

Broschüre zum Marshall E von 1930
Im Gegensatz zum ähnlich aussehenden Lanz Bulldog aus der gleichen Zeit war der Motor des Marshall von 1930 ein echter Kaltstartdiesel. Er leistete bei 200x262,5 mm Bohrung x Hub 15/30 PS.

Ivel

Der Ivel, benannt nach einem Fluß in der Grafschaft Bedfordshire, war das Werk des Radrennfahrers Dan Albone, der 1902 ein Patent für Anbaugeräte erhielt, die direkt vom Traktor angetrieben wurden. Albone begann 1903 in Biggleswade mit der Fertigung des Ivel. Als Antrieb für das dreirädrige Leichtgewicht verwendete er einen Zweizylinder-Benzinmotor mit 8 PS.

Nach Albones vorzeitigem Tod im Jahre 1906 änderte sich am Aussehen des Ivel bis zur Einstellung der Produktion im Jahre 1921 kaum etwas. Die Firma Ivel Agricultural Motors importierte im 1. Weltkrieg die kleinsten Hart-Parr-Traktoren nach Großbritannien.

Marshall und Fowler

Marshall Sons & Company aus Gainsborough und Fowler aus Leeds waren bekannte Firmen aus den Zeiten der Dampfmaschine. Beide bauten eine Reihe von Traktoren, bevor sie sich 1947 zusammenschlossen.

Marshall baute ab 1908 Traktoren mit Verbrennungsmotoren. 1929 konstruierte die Firma einen Traktor mit Einzylinder-Zweitaktdiesel, der bis in die fünfziger Jahre unter der Bezeichnung Field Marshall weiterentwickelt wurde.

Fowler fertigte im Laufe der Jahre eine Vielzahl von Traktoren, darunter Dampfmaschinen zum Pflügen mittels Winde und die Gyrotiller der zwanziger und dreißiger Jahren mit rotierenden Zinken für die Bodenbearbeitung im großen Maßstab und einer Leistung bis zu 200 Brems-PS. Fowler baute unter eigenem Namen eine Raupenschlepperausführung des Field Marshall und bis in die siebziger Jahre auch größere Raupenschlepper.

Seit jener Zeit ist die Geschichte für Marshall und Fowler recht wechselhaft verlaufen, doch beide haben dabei interessante Traktoren auf den Markt gebracht, darunter der von einem Leyland-Sechszylinder angetriebene Marshall MP6. Die Marshall-Traktorsparte wurde später von Leyland Motors gekauft.

In den achtziger Jahren löste sich Marshall wieder von Leyland und erwarb den Traktorbau von Leyland und Aveling-Marshall. Die Produktion wurde in begrenztem Umfang bis in die neunziger Jahre aufrecht erhalten.

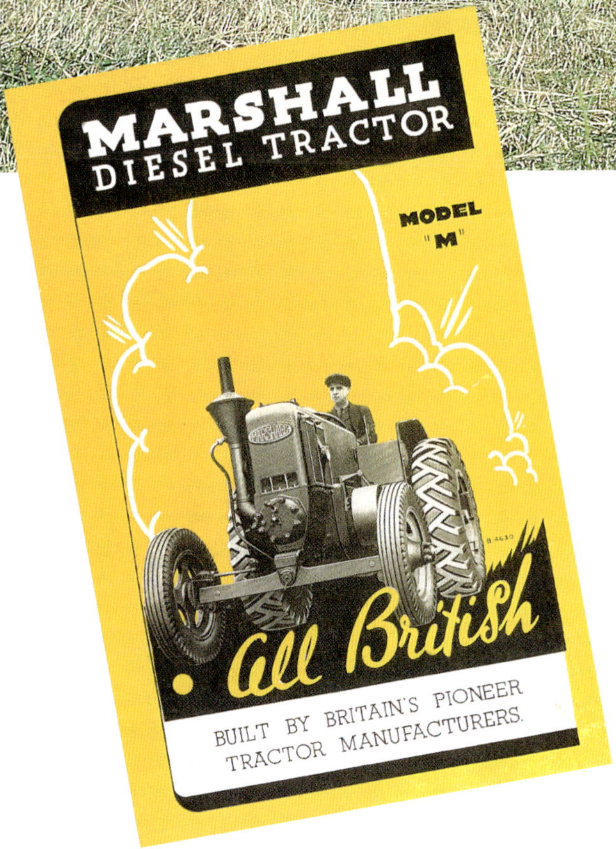

Marshall Series II Contractors von 1948
Oben: Wie beim Marshall M und beim Lanz Bulldog, aber im Gegensatz zu den ursprünglichen Marshall-Traktoren sitzt der Kühler bei der Serie II an der Seite, um Beschädigungen zu verhindern. Dieser Traktor ist mit Marshalls eigener Winde ausgestattet, die sich für verschiedene Aufgaben eignete, darunter auch zum Schleppen einer Dreschmaschine, die dann den ganzen Tag lang bei nur 750 U/min mit 18 Litern Diesel betrieben werden konnte; Besitzer: Malcom Goddard, Tiverton, Großbritannien.

Broschüre zum Marshall M von 1938
Links: Der Marshall M kam 1938 auf den Markt und wurde als »durch und durch britisch« beworben. Der große Dieselmotor besaß 162,5 x 225 mm Bohrung x Hub.

Marshall IIIA von 1955

Links: Besitzer Malcom Goddard beim Kaltstart: Ein brennender Docht wird in den Zylinderkopf eingeführt; anschließend reicht in der Regel eine Drehung an der Schwungscheibe, um den Motor in Gang zu setzen. Teilweise wurden aber auch spezielle Patronen verwendet, um den Kolben durch den ersten Hub zu zwingen.

Marshall MP6 aus den 50er Jahren

Kleines Bild unten: Die Produktion der Marshall-Traktoren mit Einzylindermotor endete mit einem letzten Los Ende der fünfziger Jahre. Bereits 1954 war der große und teure MP6 mit 70-PS-Sechszylinder von Leyland in das Programm aufgenommen worden, dessen Entwicklung bis zur Serienreife zwei Jahre dauerte. Die 200 gebauten Exemplare wurden überwiegend exportiert.

Marshall Series II Contractors von 1948

Großes Bild unten: Christopher Shere auf dem Marshall Series II von Malcolm Goddard

Nuffield und Leyland

Im Jahre 1948 unternahm Lord Nuffield – vormals William Morris, Großbritanniens größter Autohersteller – einen noblen Versuch, mit seinem Nuffield-Traktor eine Schneise in den Traktormarkt zu schlagen. Produziert in einer riesigen Fabrik für Kriegsmaterial in Birmingham von der Nuffield Mechanisations, die im 2. Weltkrieg Militärfahrzeuge gebaut hatte, besaß der Traktor eine ausgeklügelte Hydraulik, ein Fünfganggetriebe und einen unter Mithilfe der schweizerischen Firma Saurer entwickelten Dieselmotor.

Der orangefarbene Nuffield erwarb sich einen guten Ruf und erfreute sich in den fünfziger Jahren großer Beliebtheit. Er wurde in verschiedenen Größen bis Ende 1969 gebaut, als Leyland Motors aus Morris Motors, Austin und den anderen Mitgliedern der British Motor Corporation die British Leyland Motor Corporation schuf. Die blauen Leyland-Traktoren wurden von da an in einem neuen Werk in Schottland gebaut.

1968 erwarb Leyland den Baumaschinenhersteller Aveling-Barford, der 1933 aus der Firma Aveling-Porter nach einem Zusammenschluß mit Barford und Perkins entstanden war, nachdem Frank Perkins das Unternehmen verlassen hatte, um sich dem Bau von Dieselmotoren zu widmen. Leyland übernahm außerdem die Marshall-Raupenschlepper und benannte sie in Aveling-Marshall um.

1982 beschloß Leyland, sich auf das Kerngeschäft zu konzentrieren. Marshall löste sich aus dem Leyland-Konzern und übernahm später die Traktorfertigung von Leyland und Aveling Marshall.

Nuffield Universal M4 von 1949

Oberes Bild: Der Vater des jetzigen Besitzers kaufte diesen Universal M4 1949 als Neufahrzeug. Nach vierzig Jahren Einsatz wurde er 1989 restauriert.

Nuffield-Bray 4/65 von 1967

Unteres Bild: Die Bray Construction Equipment Company Ltd. in Feltham baute 1961 ihren ersten landwirtschaftlichen Traktor, den Centaur. Der Bray-Traktor hatte vorn und hinten jeweils einen Kehrpflug. An seine Stelle traten Modelle auf Nuffield-Basis wie das hier abgebildete von 1967, das unter der Ägide des Laderhersteller Matbro gebaut wurde, der die Firma Bray in den sechziger Jahren gekauft hatte. Dieser Bray-Vierradtraktor erhielt statt des ursprünglichen Vierzylinderdiesels mit 65 PS einen103-PS-Sechszylinderdiesel von BMC; Besitzer: Clarence DeLacour, Barnstable, Großbritannien.

Petter

Als kompakte, dieselgetriebene Zugmaschine war der Petter für das Jahr 1896/97 eine bemerkenswerte Erscheinung. 1903 brachte Petter sein Petter's Patent Agricultural Vehicle mit einem 12-PS-Motor mit Röhrenzündung und drei Vorwärtsgängen heraus.

Anschließend konzentrierte sich die Firma auf Stallmaschinen und Anbaugeräte, entwickelte 1915 aber auch einen billigen Dreiradtraktor mit Halbdieselmotor. Kurz darauf übernahm sie die Produktion des Maskell-Motorpflugs. Der Name Petter lebt mit den Lister-Petter-Motoren weiter, während aus einem anderen Zweig der Firma der Flugzeugbauer Westland hervorgegangen ist.

Ransomes

Nach dem Beginn mit Dampfmaschinen baute Ransomes von 1902 bis 1904 Benzintraktoren, die an spartanische Autos mit speziellen eisernen Antriebsrädern erinnerten. Danach machte sich die Firma einen Namen mit Pflügen. Von den dreißigern bis in die sechziger Jahre baute Ransomes eine Reihe kleiner Traktoren für den Gartenbau, die auf Ketten von Roadless liefen. Neuere Produkte sind überwiegend für die Rasenpflege bestimmt. 1997 wurde Ransomes von der amerikanischen Firma Textron übernommen, die den Jacobsen-Rasenmäher herstellt.

Broschüre zum Saunderson Universal von 1926

Oberes Bild: Der Saunderson war ein Zeitgenosse des Ivel und änderte sich im Aussehen bis zu diesem späten Modell von 1926 kaum. Er besaß einen quer eingebauten Zweizylindermotor mit 20 PS und wurde in Frankreich auch unter der Bezeichnung SCEMIA vertrieben.

Ransomes MG6 von 1959

Unteres Bild: Ransomes war ein bekannter Name im Bereich landwirtschaftliche Maschinen, und der MG6 mit 8-PS-Einzylinderdiesel setzte diese Tradition fort. Diese kleinen Raupenschlepper für den Gartenbau besaßen ursprünglich Benzinmotoren und wurden seit 1936 mit Ketten von Roadless geliefert. 1997 ging Ransomes an den Hersteller der Jacobsen-Rasenmäher.

Roadless

Die Firma Roadless Traction baute Traktoren und Lastkraftwagen von Ford und anderen Herstellern für spezielle landwirtschaftliche Arbeiten um. Von den vierzigern bis in die sechziger Jahre arbeitete sie überwiegend mit Ford-Fahrzeugen und baute zuerst Halbkettentraktoren und dann Traktoren mit Vierradantrieb.

Weitere bekannte Namen aus dem Bereich der Umrüster waren Northrop und Muir-Hill.

Saunderson

Der Saunderson-Traktor war das Werk von Herbert Percy Saunderson aus Bedford in der Grafschaft Bedfordshire. Man nimmt an, daß der Prototyp im Jahre 1896 gebaut wurde und daß die Produktion im Jahre 1902 begann. Nach dem Bau von großen zweirädrigen Motorpflügen und eines Traktors mit drei angetriebenen Rädern, der 1908 für den Pflugwettbewerb in Winnipeg in Kanada gemeldet wurde, befaßte sich die Firma mit der Entwicklung von Traktoren, die dem späteren Case Crossmotor ähnelten.

In den zwanziger Jahren brachte Saunderson den stromlinienförmigen und billigen Light Tractor heraus, der aber gegen den neuen Fordson keine Chance hatte. Bis Ende der zwanziger Jahre hielt sich die Firma mit dem im Jahre 1912 vorgestellten Modell G mit 25 PS noch knapp über Wasser. In den letzten Jahren standen Saunderson und die Fertigung des Modells G unter der Regie von Crossley.

Turner

Die Turner Manufacturing Company in Wolverhampton baute in den langen Jahren ihres Bestehens verschiedene Autos und leichte Nutzfahrzeuge. 1949 brachte die Firma den Yeoman of England heraus, der von einem selbstentwickelten V4-Dieselmotor mit 32/40 PS angetrieben wurde. Der Traktor erfreute sich speziell bei Bauunternehmen und Großlandwirten einiger Beliebtheit.

Vickers

Vickers war lange Zeit ein riesiger Maschinenbaukonzern, der von Kriegsschiffen bis hin zum Rolls-Royce alles fertigte. Ab 1927 baute Vickers große Traktoren nach amerikanischem Vorbild, die in erster Linie für den australischen Markt bestimmt waren. Die Produktion wurde im Jahre 1933 eingestellt, weil die Konkurrenz zu groß war und wegen des bevorstehenden 2. Weltkriegs Rüstungsgüter produziert werden mußten.

Aufgrund der im Panzerbau gewonnenen Erfahrungen unternahm Vickers nach dem Krieg kurzzeitig den Versuch, mit Raupenschleppern mit Rolls-Royce-Motoren gegen die Firma Caterpillar anzutreten.

Werbeplakat für den Turner Yeoman of England aus den 50er Jahren
Der Yeoman of England mit 40-PS-Motor war schnell und leistungsstark, außer für Bauunternehmen aber zu teuer.

Broschüre zum Vickers Vikon von 1957
Der Raupenschlepper wurde angetrieben von einem Rolls-Royce-Vierzylinderdiesel mit 8,1 Litern Hubraum; Aufgeladen leistete er 142 PS. Er besaß fünf Vorwärts- und vier Rückwärtsgänge.

L25
Landini

Italien

Fiat, SAME, Lamborghini und OM sind bekannte italienische Traktorhersteller, aber es scheint, als ob es in nahezu jeder Ortschaft im landwirtschaftlichen geprägten Norden des Landes eine eigene Werkstatt gegeben hat, in der Traktoren gebaut wurden. Dabei handelte es sich meist um vierradgetriebene Mehrzweckfahrzeuge, die oft auch noch über eine Ladefläche verfügten. Manche dieser Kleinhersteller hatten regional durchaus eine gewisse Bedeutung erlangt, beispielsweise Pasquali, Goldoni, Antonio Carraro und Ferrari (nicht verwandt mit dem Sportwagenbauer), die technisch hervorragende Traktoren mit Eigenschaften konstruierten, die man nicht einmal bei einem 100-PS-Traktor erwarten würde, geschweige denn bei einem Modell mit mageren 15 oder 35 PS. Daneben gab es noch ein paar kaum bekannte Hersteller, die eine volle Modellpalette anboten, sowie jede Menge modifizierter Importtraktoren und sogar einige Fordson, die kurz vor und nach dem 2. Weltkrieg in Bologna gebaut wurden.

Landini L25 von 1954
Gegenüberliegende Seite: der elegante Landini L25 besaß einen 25/35-PS-Motor: Besitzer: Jim Thomas

Poster mit Fiat 700A von 1930
Oben: Das Bild zeigt »il lavoro di una giornata«, d. h., die Arbeit eines Tages, für den Fiat-Traktor.

Einige wenige Firmen betätigten sich schon früh als Pioniere im Traktorbau, beispielsweise Alfa Romeo (1920–1935), Baroncelli (1912–1914), Breda (1920–1950), Bubba (1925–1956), Motomeccanica (20er Jahre – 1958) und Orsi (1930–1956).

Carraro

Die Firmen Carraro SpA und Antonio Carraro bauten seit Mitte der fünfziger Jahre Traktoren, die sich gegenseitig ergänzten. Während Antonio Carraro sich auf kleinere Ausführungen konzentrierte, die blau-orange lackiert waren, baute die Carraro SpA größere Traktoren in olivgrün-roter Lackierung.

Die Traktoren der Carraro SpA waren zunächst mit selbstkonstruierten luftgekühlten Dieselmotoren ausgestattet, um in den siebziger Jahren dann wassergekühlte Perkins-Motoren und schließlich luftgekühlte Deutz-Dieselmotoren zu erhalten. Das Synchrongetriebe besaß sechzehn Vorwärts- und vier Rückwärtsgänge. Neben den Raupenschleppern baute die Firma Traktoren mit Vierradantrieb und wurde Anfang der siebziger Jahre zum drittgrößten Produzenten in Italien. Sie lieferte ihre Vorderachse mit epizykloider Untersetzung auch an andere Hersteller, darunter Renault. Renault kaufte außerdem komplette Carraro-Traktoren, um sie in Frankreich unter dem eigenen Namen zu verkaufen.

Alfa-Romeo-Raupenschlepper von 1932
Oben: Dieser Alfa Romeo mit seinem 1,7-Liter-Motor mit 10/15-PS sollte zwei Ochsen ersetzen. Er besaß sechs Vorwärtsgänge und radbetätigte Lenkkupplungen.

Cassani von 1927
Unten: Der Cassani von 1927 besaß einen riesigen 12,7-Liter-Zweizylinder-Volldieselmotor.

SAME 480 DTB Ariete aus den 60er Jahren
Oben: Der Ariete wurde von einem luftgekühlten Vierzylinderdiesel mit 5,0 Litern Hubraum angetrieben.

SAME 480 DTB Ariete aus den 60er Jahren
Unten: »Ariete« bedeutet »Ramme«, und der Traktor war wirklich eine kraftvolle Maschine. Mit seinem 80 PS starken Motor, dem Vierradantrieb und dem Achtganggetriebe besaß er für praktisch jede Aufgabe genügend Kraft.

Cassani und SAME

Der Cassani von 1927 war weltweit der erste Dieseltraktor außerhalb Deutschlands. Sein liegender Zweizylindermotor mit 12,7 Litern Hubraum leistete 40 PS bei 450 U/min. Bis 1932 wurde eine kleine Anzahl gebaut. Cassani konzentrierte sich anschließend auf Einspritzanlagen, brachte aber 1936 einen kleinen Dreiradtraktor mit 10-PS-Benzinmotor heraus. Cassani-Traktoren gab es bis etwa 1960.

Ende der dreißiger Jahre gründete Cassani die SAME (Societá Anònima Motori Endothermic), die von 1942 bis 1948 33 Traktoren fertigte. 1950 stellte sie eine neue Baureihe mit 20-PS-Zweizylindermotoren vor. Ab 1951 wurden die meisten SAME-Traktoren von luftgekühlten Ein-, Zwei-, Drei- und Vierzylinderdieselmotoren in Modulbauweise angetrieben.

1951 ging die SAME dazu über, praktisch alle Modelle mit Vierradantrieb anzubieten. Im Jahre 1972 waren in Italien 33392 vierradgetriebene SAME-Traktoren im Einsatz. Damit lag die SAME klar vor Fiat mit 20144 Einheiten.

1960 kam mit dem SAME 240 eine neue hydraulische Tiefeneinstellung, deren Meßwertgeber nicht an den oberen, sondern an den unteren Verbindungsstangen saßen. Das dann entwickelte Transport- und Schleppfahrzeug SAMECAR mit vorn befindlichem Führerstand war

ein wirtschaftlicher Fehlschlag und wurde 1969 wieder aus der Produktion genommen.

1977 hatte die SAME seit der Gründung insgesamt 213258 Traktoren verkauft und produzierte im Jahr 20000 neue Traktoren unter den Modellbezeichnungen Delfino, Buffalo, Tauro, Leopardo und Centauro. 1981 gab es achtzehn SAME-Modelle in 32 Varianten mit Motoren zwischen 30 und 150 PS; die jährlichen Verkaufszahlen erreichten 30000 Einheiten.

1972 kaufte die SAME die Traktorsparte von Lamborghini und betätigte sich als Zulieferer für die schweizerische Firma Hürlimann, die sie anschließend übernahm. Seit damals hat das Unternehmen weiter expandiert und dabei im Jahre 1995 auch die deutsche Deutz-Fahr erworben.

Fiat-Traktoren im Jahre 1931
Aufgereiht auf einem italienischen Feld im Jahre 1931 finden sich hier von links nach rechts ein Fiat 703B von 1925, ein Fiat 700N von 1927 und ein konkurrierender Fordson, wie er bald darauf auch in Bologna montiert werden sollte. Der 703B besaß einen 6,2-Liter-Motor, während der 700N von einem 3,3-Liter-Motor angetrieben wurde.

Fiat

Fiat war schon der größte europäische Traktorhersteller, bevor das Unternehmen 1991 die Ford-Traktorsparte übernahm, um mit dieser zusammen die »New Holland«-Gruppe zu bilden.

Der Name des im Jahre 1899 von Giovanni Agnelli gegründeten Unternehmens ist eine Abkürzung und steht für Fabbrica Italiana di Automobili Torino. Der erste landwirtschaftliche Traktor war das im Jahre 1918 aus einem Geschützschlepper entwickelte Modell 702, das von einem 6,2-Liter-Motor mit hängenden Ventilen angetrieben wurde. 1919 baute Fiat davon 263 Einheiten, denen noch mehr als 2000 Exemplare folgten. 1929 verkaufte Fiat über 1000 Traktoren jährlich.

Nach einer Phase des wirtschaftlichen Abschwungs Anfang der dreißiger Jahre, in der jedes Jahr nur ein paar hundert Traktoren verkauft wurden, kam 1932 mit dem Raupenschlepper 700C der Erfolg zurück. Später in diesem Jahrzehnt übernahm Fiat das Boghetto-System, mit dem Raupenschlepper zunächst mit Benzin gestartet werden konnten, um dann auf Dieselbetrieb umzuschalten.

1949 stiegen die Verkaufszahlen mit 1832 Traktoren weiter an, nachdem Fiat das kompakte Modell 600 mit 18-PS-Motor herausgebracht hatte, dem 1953 kleine Modelle mit Dieselmotor folgten. Ab 1955 baute Fiat zahlreiche Modelle mit Vierradantrieb.

Die Traktorproduktion stiegt von 22637 Einheiten im Jahre 1959 über 55735 Exemplare im Jahre 1968 und

78934 Einheiten im Jahre 1976 auf 116000 Stück im Jahre 1995. Der 1,5millionste Fiat-Traktor wurde 1980 gebaut. In der Zwischenzeit entwickelte sich der Export von 504 Traktoren im Jahre 1948 auf 15488 Einheiten im Jahre 1955 und überschritt 1976 zum ersten Mal die Zahl 50000. In den Vereinigten Staaten wurden Fiat-Traktoren von dem Landwirtschaftsmaschinenhersteller Hesston vertrieben, der seit 1977 zu FiatAgri gehörte.
Anfang der fünfziger Jahre nahm Fiat Verbindungen mit dem französischen Unternehmen SIMCA auf, das zunächst Fiat-Pkw und dann SOMECA-Traktoren auf der Grundlage von Fiat-Konstruktionen baute. Weitere ausländische Lizenznehmer und Produzenten von Fiat-Traktoren waren Anfang der siebziger Jahre die Uzina Tractorul Brasov (UTB) in Rumänien, die Turk Tractor in der Türkei, die Tovarna in Jugoslawien und die Fiat Concord in Argentinien.

Ein Richtungswechsel in der Unternehmenspolitik führte 1974 dazu, daß Fiat gemeinsam mit Allis-Chalmers unter der Bezeichnung Fiat-Allis eine Palette von Baumaschinen mit Raupenschleppern (gebaut in Brasilien, USA und Italien), Radladern (USA und England), Baggern (Italien und Brasilien) und Planierraupen (USA) fertigte. Ab 1979 kam eine weitere Verbindung nach Nordamerika hinzu, als Fiat unter eigenem Namen den Europavertrieb großer vierradgetriebener Traktoren der kanadischen Firma Versatile übernahm.

Fiat erwarb im Laufe der Jahre zahlreiche kleinere Traktorhersteller und baute deren Produkte in die eigene Modellpalette ein. 1933 kaufte Fiat den alteingesessenen Lastwagen- und Traktorhersteller OM, der anschließend in enger Verbindung mit der Fiat-Tochter Societé Ligure Piemontese Automobili (SPA) operierte. Sowohl OM als auch SPA bauten vierradgetriebene Traktoren, die auf den früheren Pavesi-Traktor zurückgingen, den Fiat Anfang der zwanziger Jahre gekauft und seit 1926 für militärische Zwecke gebaut hatte.

1975 erwarb Fiat die Mähdrescherfamilie der Firma Laverda in Breganze. Laverda baute seit 1935 Hilfsmotoren für Landmaschinen und anderes landwirtschaftliches Gerät, bevor man sich dem Motorradbau zuwandte. 1984 kaufte Fiat das französische Unternehmen Braud, den Marktführer bei selbstfahrenden Weinlesemaschinen.

Fiat 18 La Piccola von 1957
Oberes Bild: Der La Piccola, »der Kleine«, war der kleinste Fiat-Traktor. Von 1956 bis 1958 wurden 20000 Einheiten verkauft.

Fiat-Modellpalette von 1958
Unteres Bild: 1958 umfaßte die Fiat-Palette eine Vielzahl von Raupenschleppern sowie zwei- und vierradgetriebenen Modellen für den Weinbau und die Bauwirtschaft. Mehrere Fiat-Traktoren trugen noch die OM-Plakette am Kühlergrill.

Lamborghini von 1950
Oben: Lamborghini begann mit dem Bau von Traktoren aus überschüssigem Kriegsmaterial. Dieses Exemplar von 1950 besitzt einen 40-PS-Sechszylindermotor aus einem Morris-Lastwagen.

Landini aus den 20er Jahren
Mitte: Dieses Modell auf der Basis eines früheren Standmotors war einer der ersten Landini-Traktoren. er wurde Mitte der zwanziger Jahre mit einem 30-PS-Glühkolbenmotor ausgeliefert.

Landini aus den 30er Jahren
Unten: Ende der dreißiger Jahre besaß der Landini eine dynamobetriebene Beleuchtung und einen 40-PS-Motor mit deutlich sichtbarem Luftfilter.

Lamborghini

Während der kompakte Ferrari-Traktor außer dem Namen nichts mit dem bekannten Sportwagen gemein hatte, stammten die Lamborghini-Sportwagen und -Traktoren von ein und demselben Mann, Ferrucio Lamborghini.

Lamborghini begann 1947 mit dem Bau von Traktoren aus ehemaligen Militärfahrzeugen. Als Antrieb dienten ihm zunächst tausend Sechszylinder-Benzinmotoren von Morris, die er sich hatte beschaffen können. Als diese aufgebraucht waren, stattete er seine orangefarbenen Traktoren mit deutschen MWM- und britischen Perkins-Dieseln aus, bevor er 1954 seine eigenen luftgekühlten Motoren entwickelte.

Nach Erfolgen mit Ölbrennern, Lüftungsanlagen und, ab 1963, exotischen Sportwagen verkaufte Ferrucio Lamborghini seine Traktorsparte 1972 an die SAME, weil er sich um diesen Bereich Sorgen machte, seit in den sechziger Jahren ein Großauftrag der bolivianischen Regierung über 5000 Traktoren zurückgezogen worden war.

Die SAME baute schon bald darauf jährlich 5000 weißlackierte Lamborghini-Traktoren und -Raupenschlepper. Diese besaßen luftgekühlte Zwei-, Drei-, Vier- oder Sechszylindermotoren und ein dreistufiges Viergangsynchrongetriebe, das aus dem Lamborghini-Getriebe von Anfang der fünfziger Jahre hervorgegangen war.

1992 kaufte AGCO-White vierhundert Lamborghini-Traktoren mit Motoren zwischen 75 und 11 PS zum Vertrieb in den Vereinigten Staaten.

Landini

Giovanni Landini errichtete 1884 eine Maschinenwerkstatt zum Bau von Landmaschinen, bevor er sich im Jahre 1911 der Konstruktion von Dampfmaschinen und 1917 dann dem Bau transportabler Verbrennungsmotoren zuwandte. Nach seinem Tod im Jahre 1924 übernahm sein Sohn das Geschäft und brachte 1925 einen Traktor mit 30-PS-Glühkolbenmotor heraus, der auf dem früheren Benzinmotor beruhte. Die Motorleistung des Traktors stieg in den dreißiger auf 40 und dann auf 50 PS. Landini verkaufte bis 1934 neunhundert Traktoren. Zu diesem Zeitpunkt bauten 250 Arbeiter täglich vier Traktoren.

Ab 1958 war auch ein Dieselmotor im Programm; doch große langsame Maschinen mit Einzylindermotor waren mittlerweile überholt, auch wenn aus den ursprünglich drei Vorwärtsgängen des Landini-Traktors mittlerweile acht geworden waren, so daß Landini Drei- und Vierzylinder-Perkinsdiesel verwendete, die er selbst in Lizenz fertigte. 1960 produzierte Landini mit 500 Beschäftigten zwanzig Traktoren am Tag.

1960 war auch das Jahr, in dem Landini zur kanadischen Massey-Ferguson-Gruppe stieß, zu der auch Perkins gehörte. Von da an bekamen die Landini-Traktoren eine neue blaue Lackierung. Weiterhin wurde eine Reihe von Raupenschleppern entwickelt, die in den Farben von Landini oder Massey vertrieben wurden. 1962 brachte

Poster mit Landini Super L aus den 30er Jahren
Die Leistung des Landini Super L war auf diesem Plakat überzeugend dargestellt. Der Super L besaß einen starken 12,2-Liter-Motor.

Landini eine Reihe gelb lackierter Raupenschlepper für die Industrie auf den Markt, aus denen 1968 eine ganze Palette von Planierraupen entwickelt wurde, die Massey-Ferguson ICM in einem neuen Werk bei Rom fertigte.

Die landwirtschaftlichen Traktoren erhielten 1969 ein neues Design. 1971 bot Landini die ersten Sechszylindermdelle an, die 1977 zum ersten mal die 100-PS-Grenze überschritten. Die Produktion erreichte Ende der siebziger Jahre 75 Radtraktoren am Tag; daneben fertigte Landini für Massey noch Frontantriebsachsen. Auch in den neunziger Jahren beliefert Landini Massey noch mit einigen kleineren Spezialmodellen, etwa für den Einsatz im Weinbau. Auf bestimmten Märkten werden Landini-Traktoren von AGCO vertrieben.

Landini L25 von 1954
Oben: Den Traktoren mit Einzylinder-Glühkolbenmotoren lief 1954 langsam die Zeit davon, weil die Technik über die bewährte Konstruktion hinaus war. Der L25 war selbst in seinem Heimatland eine relativ ungewöhnliche Erscheinung, weil die meisten Betriebe zu klein waren, um sich eine so große und teure Maschine zu leisten. Das beschleunigte den Niedergang dieses Traktors; Besitzer: Jim Thomas.

Landini L25 von 1954
Links: Blick auf das Schwungrad des Landini, der am besten zwischen 350 und 750 U/min lief. Der Hubraum betrug 4,3 Liter; Besitzer: Jim Thomas.

OM

Der Lkw-Hersteller OM (Officine Meccaniche) in Brescia begann 1927 mit der Produktion seines landwirtschaftlichen Traktor T/240 mit liegendem Einzylinder-Gkühkolbenmotor.

1937 übernahm OM die Italiano Macchine Agricole di Suzzara, die im Jahre 1878 als Wagenbauunternehmen gegründet worden war und später zunehmend komplexere Maschinen fertigte, darunter der CIMAC-Traktor von 1919.

OM ging 1933 an Fiat und baute zusammen mit der Fiat-Tochter SPA vierradgetriebene Traktoren. Ende der sechziger Jahre baute OM immer noch 5000 Radtraktoren und Raupenschlepper im Jahr. Traktoren mit der OM-Plakette waren noch bis etwa 1970 zu kaufen.

OM von 1920
Die Firma OM war bekannt für ihre zuverlässigen Maschinen, was unter anderem auch dieser Traktor beweist, der noch Mitte der fünfziger Jahre im Hafen von Genua als Rangierfahrzeug Dienst tat.

Pavesi

Ugo Pavesi baute den ersten landwirtschaftlichen Traktor Italiens – mit Hinterradantrieb – um 1911. Zusammen mit Giulio Tolotti produzierte er Anfang der zwanziger Jahre den Pavesi-Tolotti Tipo A und Tipo B für militärische und landwirtschaftliche Zwecke. Der zunächst von einem Zweizylinder-Boxermotor angetriebene Pavesi P4 besaß einen einfallsreich konstruierten Vierradantrieb mit Drehzapfenlenkung. Diese wurde bei Motomeccanica gefertigt, bevor Pavesi Anfang der zwanziger Jahre von Fiat übernommen wurde.

Durch den Einsatz von Vierzylindermotoren wurden die bei Fiat/SPA gebauten Pavesi-Traktoren bis zum 2. Weltkrieg zunehmend größer. Pavesi-Traktoren wurden außerdem in Frankreich, Großbritannien, Schweden und Ungarn hergestellt.

OM 45R von 1956
OM-Traktoren trugen das Firmenzeichen auch noch nach der Übernahme durch Fiat. Dieser 45R wurde auf einen Vierradantrieb von Manuel Selene umgerüstet.

Schweden

Schweden hat der Welt Traktoren von Avance, Bolinder-Munktell, Volvo, Bofors und ein paar weniger bekannten Herstellern gebracht. Die meisten dieser Traktoren waren gut konstruiert und stammten von etablierten Maschinenbauunternehmen.

Bolinder-Munktell BM350 von 1966
Gegenüberliegende Seite: *Der BM350 war ein großer Traktor mit einem Gewicht von 2,7 Tonnen; Besitzer: J. v.d. Putten, Deurne, Niederlande*

Volvo T22/23 von 1951
Oben: *Der T22/23 besaß einen 2,0-Liter-Vierzylinder, der auf dem bekannten Pkw-Motor basierte.*

Avance

Der Avance mit Zweizylinder-Glühkolbenmotor war etwa ab 1917 auf dem Markt. Der Zweitakter war anfällig für Kurbelwellenbruch, was aber bei den letzten Ausführungen, die 1928 von McDonald in Australien unter dem Namen Imperial verkauft wurden, durch eine Vierfachlagerung behoben war. Aus dem Avance-Traktor wurde Anfang der dreißiger Jahre der Bofors-Traktor.

Bofors

Die Firma Bofors war besser bekannt durch ihre Kanonen und Geschütze, baute Anfang der dreißiger Jahre aber auch einen Traktor mit 25/40-PS-Zweizylinder-Rohölmotor, der auf dem Avance von 1917 beruhte.

Bofors von 1933
Links: Das durch Rüstungsgüter bekannte Bofors-Werk lieferte 1933 diesen Traktor mit 25/40-PS-Zweizylinder-Zweitakt-Motor.

Avance aus der Zeit zwischen 1910 und 1920
Unten: Der Avance erschien zur Zeit des 1. Weltkriegs und wurde danach in viele Länder exportiert.

Bolinder-Munktell und Volvo

Die 1832 in Eskilstuna gegründete Firma Munktell baute 1853 Schwedens erste Eisenbahnlokomotive, von 1853 bis 1921 fast sechstausend transportable Dampfmaschinen und ab 1913 die ersten schwedischen Traktoren mit Verbrennungsmotor. Dieser Motor leistete 30 PS und mußte ein Gewicht von 7,2 Tonnen bewegen. Zwischen den beiden Weltkriegen erschienen allerdings auch kompaktere Modelle, teilweise mit Glühkolbenmotoren von Bolinder. Die Firma Bolinder hatte seit 1893 in Stockholm Verbrennungsmotoren gebaut. 1932 schlossen sich die beiden Firmen zusammen und wurden 1950 von der Volvo AG in Göteborg übernommen.

Unter deren Leitung wurde 1953 eine Reihe neuer Ein-, Zwei-, Drei-, Vier- und Sechszylinderdiesel mit Direkteinspritzung eingeführt, die vielfach einsetzbar waren. 1957 erschien der erste BM-Traktor für den Forsteinsatz. In den sechziger Jahren wurden die Volvo-Traktoren bei Fiskars in Finnland gebaut.

1973 faßte man unter der Bezeichnung BM Volvo alle Traktor-Aktivitäten zusammen; die Palette umfaßte auch ein paar ungewöhnliche Modelle für die Land- und Forstwirtschaft, die auf dem im Jahre 1964 von BM entwickelten Dreiachskipper mit Allradantrieb beruhten. Zwischen 1950 und 1975 wurden 230000 BM-Volvo-Traktoren verkauft.

Ein sinnreiches Konstruktionsmerkmal späterer BM-Traktoren war die modular aufgebaute Kabine mit hydrostatischen Bedienungshebeln, die abgebaut werden konnten, indem man einfache Gummi-Isolatoren und -Kupplungen entfernte. Seit Mitte der fünfziger Jahre befaßte sich Volvo intensiv mit Turboladern, die aber bei Traktoren noch weitere zehn Jahre lang kaum zum Einsatz kamen. Anfang der siebziger Jahre leitet Volvo ein gemeinsames Entwicklungsprogramm mit International Harvester ein und griff für die Traktoren auf Perkins-Dieselmotoren zurück.

1979 verschmolzen Volvo und die finnische Firma Valmet ihre Traktorfertigung. Weiterhin vereinigte Volvo seine Baumaschinensparte mit den Herstellern der Michigan-Lader und Euclid-Kipper in der VME-Gruppe.

Munktell von 1913
Oben: Der erste Munktell-Traktor von 1913 war eine massige Maschine, bei der der 30-PS-Motor über den Antriebsrädern saß.

Bolinder-Munktell BM10 von 1950
Unten: Der BM10 war in Skandinavien und Frankreich beliebt. Der Traktor war mit 160 cm Breite und 255 cm Länge recht kompakt gebaut. Er besaß einen Zweizylinder-Zweitakt-Halbdiesel, der 14/20 PS leistete, und fünf Vorwärtsgänge; Besitzer: David Hunt.

Bolinder-Munktell BM350 von 1966

Der BM350 erschien 1960 auf der Traktorbühne; das hier abgebildete Fahrzeug wurde 1966 für die schwedischen Streitkräfte gebaut. Der BM350 besaß einen 3,8-Liter-Dreizylinderdiesel mit 51/56 PS.

Bolinder-Munktell BM350 von 1966
Der BM350 besaß ein zweistufiges Fünfganggetriebe und erreichte eine Geschwindigkeit von 28 km/h. Sein größerer Bruder BM470 hatte einen Vierzylindermotor mit demselben Hubraum (3,8 Liter), der 61/70 PS leistete.

Bolinder-Munktell BM230 aus den 50er Jahren
Rechts: *Nach dem 2. Weltkrieg hatte Bolinder-Munktell den BM230 mit Zweizylinder-Volldieselmotor im Programm. Drei der fünf Vorwärtsgänge waren synchronisiert.*

SPENCERVILLE
1873
CLEARANCE 12'6"
JOHN DEERE

Vereinigte Staaten von Amerika

In signifikanten Stückzahlen wurden landwirtschaftliche Traktoren zuerst in den Vereinigten Staaten entwickelt und eingesetzt. Dort wurden im Jahre 1910 etwa 4500 benzingetriebene Traktoren gebaut, 1916 waren es 29670, und 1920 wurden 203000 Einheiten erreicht, davon etwa die Hälfte mit einer Leistung von 20–22 PS. Hunderte von Traktorherstellern erschienen auf der Bühne, und Henry Ford, der seit langem auf die Mechanisierung der Landwirtschaft gewartet hatte, stellte seinen Fordson vor. Die Montagebänder bei Ford stießen im Jahre 1918 dreißigtausend Traktoren aus; für 1919 waren 100000 Einheiten geplant.

Deere AW aus den 30er Jahren
Gegenüberliegende Seite: *Der AW mit breiter Vorderachse ging auf den beliebtesten Deere-Traktor aus der Zeit vor dem 2. Weltkrieg zurück, das Modell A. Der Deere A wurde ab 1934 mit 16/23,5 PS angeboten und war bis 1952 mit mehreren Leistungssteigerungen im Programm.*

Fordson-Broschüre von 1930
Oben: *Diese Fordson-Broschüre stammt zwar aus der Zeit um 1930, doch das Bild zeigt einen frühen Fordson F mit abgestuftem Kühler an der Seite und sechsspeichigen Hinterrädern.*

Die amerikanischen Farmer staunten über die Schnelligkeit, in der sich der Fortschritt vollzog. Im Jahre 1915 zog eine Traktorvorführung in Champaign im Bundesstaat Illinois zehntausend Besucher an; zur gleichen Zeit war in einem Bericht über eine landesweite Erhebung unter den Farmern, die einen Traktor gekauft hatten, zu lesen, daß nahezu die Hälfte durchschnittlich fünf Tage im Jahr auf ihren Traktor verzichten mußte, weil er defekt war. 1918 erklärte die Hälfte der befragten Farmer, daß sich beim Pflügen mit Traktoren bessere Ergebnisse erzielen ließen als mit Pferden; alle waren sich hingegen einig, daß die mit dem Traktor erreichte Furchenbreite von 17,5 cm gegenüber den 12,5 cm beim Einsatz von Pferden einen bedeutenden Vorteil darstellte.

Aber die Mechanisierung der amerikanischen Landwirtschaft hatte gerade erst begonnen. Im Bundesstaat Missouri kam beispielsweise im Jahre 1919 immer noch erst ein Traktor auf vierzig Betriebe, so daß sich für die Traktorhersteller ungeahnte Möglichkeiten auftaten, wenn sie die Preise senken und die Zuverlässigkeit ihrer Maschinen steigern konnten.

Auch jenseits von Amerika wartete ein riesiger Markt. Von den Zehntausenden von Traktoren, die bis 1917 von amerikanischen Firmen gebaut worden waren, befanden sich nur 34371 Exemplare in amerikanischen Betrieben im Einsatz; der Rest verteilte sich über aller Herren Länder von Rußland über Südafrika bis nach Argentinien.

Massenproduktion einer kleineren Anzahl von Modellen in größeren Stückzahlen – das war das Ziel und gleichzeitig das Ende Hunderter hoffnungsvoller Traktorhersteller. Die Fakultät für Landmaschinentechnik an der Universität von Nebraska stellte im Jahre 1920 fest, daß nur 15,4 Prozent der untersuchten Traktoren das hielten, was ihre Hersteller versprachen. Diese Zahl verbesserte sich drastisch auf vierzig Prozent im Jahre 1921 und achtzig Prozent im Jahre 1922. Von dieser Zeit an wurde der sogenannte »Nebraska Tractor Test« zum Maßstab für die Hersteller und steigerte das Vertrauen der Landwirte in maschinelle Pferdestärken.

Der Nebraska-Test trug weiterhin zu einer Standardisierung der Leistungsangaben bei; so bedeutete eine Angabe von 18/30 PS, daß bei dem betreffenden Traktor 18 PS am Zughaken und 30 PS an der Riemenscheibe zur Verfügung standen.

Zum Ende der zwanziger Jahre hin wurden die Traktoren stärker, leistungsfähiger und zuverlässiger. Die Verkäufe von Einzylindermaschinen halbierten sich im Jahre 1920, da größere Traktoren sich allmählich durchsetzten. Viele Traktorhersteller gingen bei ihren Vierzylindermotoren vorübergehend vom neuartigen Monoblock wieder zum Doppelblock über, um die Zuverlässigkeit zu erhöhen und um Wartung und Reparatur zu vereinfachen. Es erschienen Traktoren mit Sechszylindermotor auf der Bühne, deren Anbieter aber vielfach nicht genügend Kapital besaßen und bald wieder verschwanden.

Gray 18/36 von 1917
Die Gray Tractor Company in Minneapolis baute Traktoren mit Walzenantrieb, bei denen zwei breite Walzen eng beieinander saßen, um einen möglichst großen Kraftschluß zu erzielen. Hier abgebildet ist das Modell von 1917 mit 18/36-PS Motor von Waukesha; Besitzer: Pierre Bouillé, Meaux, Frankreich.

Mit all diesen Entwicklungen wurde in den zwanziger Jahren der Grundstein für die amerikanische Traktorindustrie gelegt. Die großen Firmen wuchsen mit dem Markt, und viele kleinere Firmen mit guten Produkten wurden von den Großen geschluckt.

In den Jahren zwischen den beiden Weltkriegen wurde praktisch alles entwickelt, was einen modernen Traktor ausmacht. Erste Versuche mit dem Allradantrieb wurden bereits am Ende des 19. Jahrhunderts unternommen und fanden ihren Niederschlag in dem mit 30, 60 und 90 PS verfügbaren Traktor, den die Rose Manufacturing Company in San Jose im Jahre 1907 baute. Luftreifen waren zum ersten Mal an einem Fordson des Jahres 1921 zu bestaunen und schon bald darauf bei praktisch allen Herstellern zu haben; vierzehn Prozent aller im Jahre 1935 verkauften Traktoren waren mit Reifen ausgestattet, eine Zahl, die bis 1940 auf 95 Prozent stieg. Weitere Entwicklungen umfaßten Dieselmotoren in den dreißiger Jahren, Kabinen für manche Traktoren, mechanische und dann hydraulische Hebevorrichtungen für die Anbaugeräte sowie mehrstufige Getriebe. Bereits 1923 drehten sich die Zapfwellen mit genormten 540 U/min, und ab 1958 setzten sich Sekundärzapfwellen mit 1000 U/min durch.

Seit dem Ende des 2. Weltkriegs ging es bei der Weiterentwicklung in erster Linie um mehr Leistung, bessere Traktion, einfachere Bedienung und größeren Komfort. Leichtgängige Schaltungen fanden in den fünfziger Jahren größere Verbreitung; gleiches gilt für Turbolader (erster Test 1961 in Nebraska beim Allis-Chalmers D-19), Scheibenbremsen und Servolenkung. Der amerikanische Traktor hatte einen langen Weg hinter sich.

Allis-Chalmers 20/35 aus den 20er Jahren
Oben: *Der größte Allis-Chalmers war der 20/35, dessen 7,6-Liter-Motor bis zu 45 PS leistete.*

Rumely OilPull 12/20 aus den 20er Jahren
Links: *Der berühmte OilPull zeigt einige seiner Tugenden und erläutert, daß Öl anstelle von Wasser das ideale Kühlmittel ist.*

Allis-Chalmers

Die Allis-Chalmers Company in Milwaukee mit ihrem klassischen landwirtschaftlichen Hintergrund als Hersteller von Maschinen für Getreidemühlen und Fabrikausstattungen stieg im Jahre 1914 in den Traktormarkt ein. Ihr erster großer Verkaufserfolg war der 18/30, der ab 1919 mit Vierzylindermotor und konventionellem Design produziert wurde.

Allis-Chalmers expandierte durch den Erwerb anderer Hersteller, darunter die Monarch Tractor Company in Watertown, Wisconsin, die den Monarch-Raupenschlepper baute, und die Advance Rumely Thresher Company in LaPorte im Bundesstaat Indiana, bekannt durch die legendäre Traktorreihe OilPull.

In den dreißiger Jahren hatte Allis-Chalmers einen Bestseller mit den Modellen U und UC, die ursprünglich für die United Tractor and Equipment Company in Chicago entwickelt worden waren. Ende der dreißiger Jahre besaß Allis-Chalmers einen Anteil von 13 Prozent am amerikanischen Traktormarkt.

Mit dem Leichttraktor Allis-Chalmers B von 1937 zum Preis von 495 US-Dollar konnten sich auch Garten-

baufirmen und kleinere Betriebe Qualität von Allis-Chalmers leisten, während die Raupenschlepper des Unternehmens im Jahre 1940 Detroit-Dieselmotoren bekamen. Allis-Chalmers war immer ein innovatives Unternehmen; so war beispielsweise der Allis-Chalmers D-19 von 1961 der erste Traktor mit Turbolader, der in Nebraska getestet wurde.

Das Leih-Pacht-Gesetz von 1941 machte Allis-Chalmers auch in Großbritannien bekannt, wo zu diesem Zeitpunkt die Produktion aufgenommen wurde. 1959 kaufte Allis-Chalmers den französischen Traktorhersteller Vendeuvre.

Nach Verbindungen mit Deutz und Fiat ging die Allis-Chalmers-Traktorsparte an die Allis-Gleaner Company (AGCO) in Duluth im Bundesstaat Georgia, die im Jahre 1997 auch die kanadische Massey-Ferguson, die amerikanische White und die deutsche Fendt kontrollierte.

Allis-Chalmers WD aus den 40er Jahren
Oben: *Der WD wurde von 1948 bis 1953 gebaut und kam auf 131 273 Exemplare, was für seine Beliebtheit sprach. Der hier abgebildete Traktor ist mit einem passenden Mähdrescher vom Typ Allis-Chalmers 90 ausgerüstet.*

Allis-Chalmers WD aus den 40er Jahren
Rechts: *Jim Todahl führt einen Allis-Chalmers-Ballenlader von 1950 vor, der von der Zapfwelle seines Allis-Chalmers WC angetrieben wird. Der WC wurde von 1933 bis 1948 gebaut und besaß einen Vierzylindermotor mit 100 x 100 mm Bohrung x Hub.*

Allis-Chalmers WF von 1941
Oben: *Der WF war die Standardausführung des Breitspurtraktors WC. Er wurde von 1938 bis 1951 gebaut und im 2. Weltkrieg im Rahmen des Leih-Pacht-Gesetzes unter anderem auch von der Mutter des Autors gefahren.*

Broschüre zum Allis-Chalmers M von 1939
Links: *Das »M« stand für »Monarch«, den ursprünglichen Hersteller des Raupenschleppers, dessen Motor am Zughaken 30 PS leistete und der mit einem Vierganggetriebe ausgestattet war.*

Aultman-Taylor

Die Aultman & Taylor Machinery Company in Mansfield, Ohio, baute ab 1910 ein paar ausgezeichnete Traktoren, ging dann aber Mitte der zwanziger Jahre in der Advance-Rumely Thresher Company auf.

Bates

Die Bates Tractor Company stattete ihre Traktoren schon vor dem 1. Weltkrieg mit Verdecken aus. Ihr bemerkenswertestes Produkt war der Steel Mule von 1916, der hinten Ketten und vorn gelenkte Räder besaß.

Madison Bates hatte bei den Olds Engine Works an der Konstruktion der Oldsmobile- und REO-Automobile mitgearbeitet, und sein Steel Mule schien einem ähnlichen Erfolg entgegenzugehen. Der britische Pkw- und Lkw-Hersteller Herbert Austin erwarb die europäischen Rechte, bevor er seine eigenen Serientraktoren auf den Markt brachte.

In den zwanziger Jahren erkannte Bates, daß seine Maschine zu spezialisiert war, und stellte die Produktion auf reine Radtraktoren und Raupenschlepper um; letztere wurden bis Ende der dreißiger Jahre gebaut.

Bull

Der Little Bull war der erste kleine und billige Traktor mit Benzinmotor, der in größeren Stückzahlen gebaut wurde.

Die Bull Tractor Company in Minneapolis wurde 1913 von einer Gruppe von Geschäftsleuten gegründet, die teilweise bereits Erfahrung mit Traktoren hatten. Der Little Bull kostete 335 Dollar, was zu einer Flut von Bestellungen führte und 1914 in 4000 verkauften Exemplaren resultierte – zur damaligen Zeit ein Rekordergebnis. Ab 1915 wurden die Motoren bei dem Schwesterunternehmen Toro Motors Company gefertigt, aus dem später eine große Palette von Kleinschleppern hervorging. Die kanadische Massey-Harris unterstützte den Vertrieb des Bull-Traktors.

Aber der unkonventionelle Little Bull mit seinem liegenden Motor, dem einzelnen Antriebsrad und der Dreiradkonstruktion bekam bald Konkurrenz von konventionellen Vierradtraktoren. Die Einführung des Fordson im Jahre 1918 und die Entscheidung der Minneapolis Steel & Machinery Company, die Unterstützung bei der Fertigung des Little Bull einzustellen, bedeuteten nach vielversprechendem Start ein schnelles Ende für den Bull.

Broschüre zum Aultman-Taylor von 1921
Das berühmte Firmenlogo mit einem halbverhungerten Huhn, das »auf den Hinterlassenschaften eines Aultman-Taylor gemästet« wird, verweist auf die Effizienz des Produkts und die geringe Menge an übrig bleibendem Abfall.

Case

Die J. I. Case Threshing Machine Company in Racine im US-Bundesstaat Wisconsin galt als »Königin der Dreschmaschinen«, gehörte aber von 1876 bis 1924 auch zu den großen Herstellern von dampfbetriebenen Lokomobilen. Bereits 1892 experimentierte Case mit benzingetriebenen Traktoren, doch es sollte noch zwanzig Jahre dauern, bis der 30/60 als erster Traktor dieser Art in die Fertigung ging, ab 1913 dann gefolgt von kompakteren Modellen.

Der am besten bekannte Case-Traktor ab 1916 war der Crossmotor mit quer eingebautem stehendem Vierzylindermotor. Gerade als die wichtigsten Konkurrenten sich auf eine konventionelle Konstruktion einigten und der Wallis-Traktor mit einer Art Zentralrahmen den Weg in die Zukunft wies, schlug die Firma Case ihre eigenen Richtung ein und baute erfolgreich Tausende von Crossmotor-Traktoren.

1929 ging Case bei den Modellen L und C zu längs eingebauten Motoren über, behielt mit dem gekapselten Kettenantrieb aber eine Besonderheit bei. Weil Ketten Schmutz aufnahmen, waren sie aus der Mode gekommen, aber Case versteckte sie in einem Getriebegehäuse und besaß so den Vorteil, daß sich das Drehmoment auf mehr Zähne als beim konventionellen Getriebe verteilte. Außerdem ließen sich die Ketten besser nachstellen und austauschen.

Zwischen den Weltkriegen erwarb Case zwei bekannte Traktor- und Gerätehersteller, nämlich die Emerson-Brantingham Implement Company in Rockford und die Rock Island Plow Company in Rock Island, die die Rechte am Heider-Traktor besaß. 1935 brachte die Firma den Motor Lift heraus, eine mechanische Kupplung für Anbaugeräte. Mitte der dreißiger Jahre hatte sie sich zum

Broschüre zum Case-Lokomobil aus der Zeit zwischen 1900 und 1910

Rechts: *Die Firma Case beherrschte mit ihren dampfbetriebenen Lokomobilen seit 1874 den Markt, bis sie deren Produktion 1924 einstellte und sich auf den Bau von Benzintraktoren konzentrierte.*

Case 10/18 Crossmotor von 1919

Unten: *Der 10/18 Crossmotor war eine Weiterentwicklung des 9/18 aus dem Jahr 1916. Er besaß einen Vierzylinder-Kerosinmotor mit 96,875 x 125 mm Bohrung x Hub.*

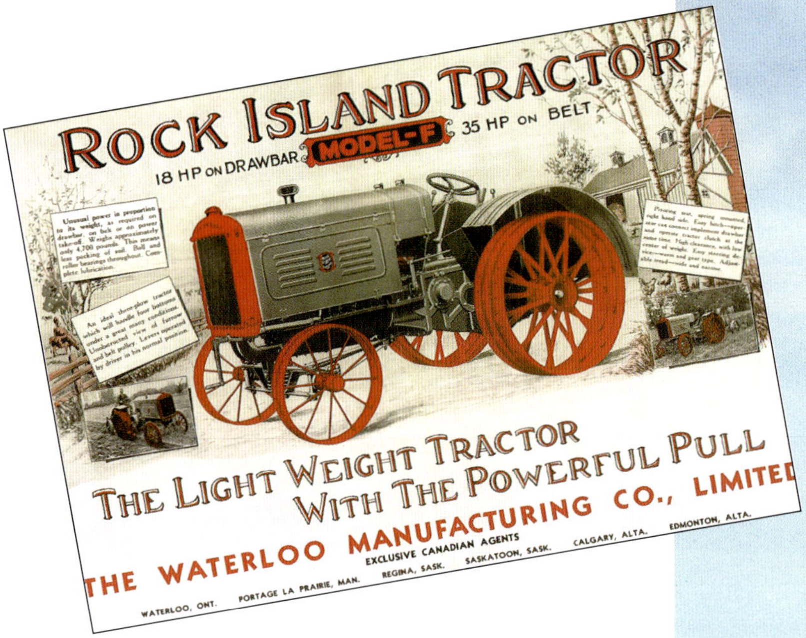

Rock Island aus den 30er Jahren
Rock-Island-Traktor mit 18/35-PS-Buda-Motor im Katalog eines kanadischen Vertragshändlers etwa aus dem Jahr 1930. Case übernahm die Firma Rock Island im Jahre 1937 und stellte den Bau ihrer Traktoren ein.

drittgrößten Traktorhersteller in den Vereinigten Staaten entwickelt.

Im Rahmen der weiteren Entwicklung folgte die Einführung von Dieselmotoren im Jahre 1953 und die Übernahme des französischen Traktorherstellers SFV Ende der fünfziger Jahre. Case ging 1967 in den Besitz der Tenneco in Houston über, die 1972 auch den britischen Traktorhersteller David Brown übernahm. Anfang der siebziger Jahre konstruierte Case die ersten massigen Traktoren mit Vierradantrieb und wagte sich damit auf ein Gebiet vor, das die größeren Hersteller in der Regel Spezialisten wie der Steiger Tractor Company aus Fargo in North Dakota überließen, die dann 1986 auch in den Besitz der Tenneco überging. 1985 erwarb die Tenneco einen Großteil von International Harvester und schuf die neue Marke Case International. 1994 löste die Tenneco die Case Corporation aus dem Firmenverbund heraus und gründete ein neues Unternehmen, dessen Produkte unter der Markenbezeichnung Case-IH liefen.

Case CC3 von 1937
Oben: *Dieser CC3 von 1937 mit 17/27-PS-Motor besaß den sogenannten Motor Lift, der die Arbeit erleichterte und es ermöglichte, angebaute anstelle von geschleppten Geräten zu verwenden.*

Broschüre zum Case C von 1938
Rechts: *Der Case C konnte zwei oder drei Pflugkörper schleppen, während sein größerer Bruder Case L auf drei bis fünf Pflüge kam. Beide Modelle besaßen längs eingebaute Motoren mit hängenden Ventilen und internem Kettenantrieb.*

Broschüre zum Case VA aus den 50er Jahren
Case versprach mit seinem Breitspurmodell VA »bewährte Kraft in kleinerer Verpackung«.

Case VAH von 1948
Links oben: *Der VAH mit erhöhter Bodenfreiheit wurde zwischen 1947 und 1955 in nur etwa 2000 Exemplaren gebaut, während die Standardausführung VA und VAC mit 15/22-PS-Motor ab 1942 auf über 100000 Einheiten kamen; Besitzer: Norm Seveik, Northfield, Minnesota.*

Case DEX von 1941
Links unten: *Der DEX war ein Sondermodell für den Leih-Pacht-Vertrag von 1941. Er basierte auf dem Modell D. Die flammend rote Lackierung hatte Case ein paar Jahre zuvor eingeführt.*

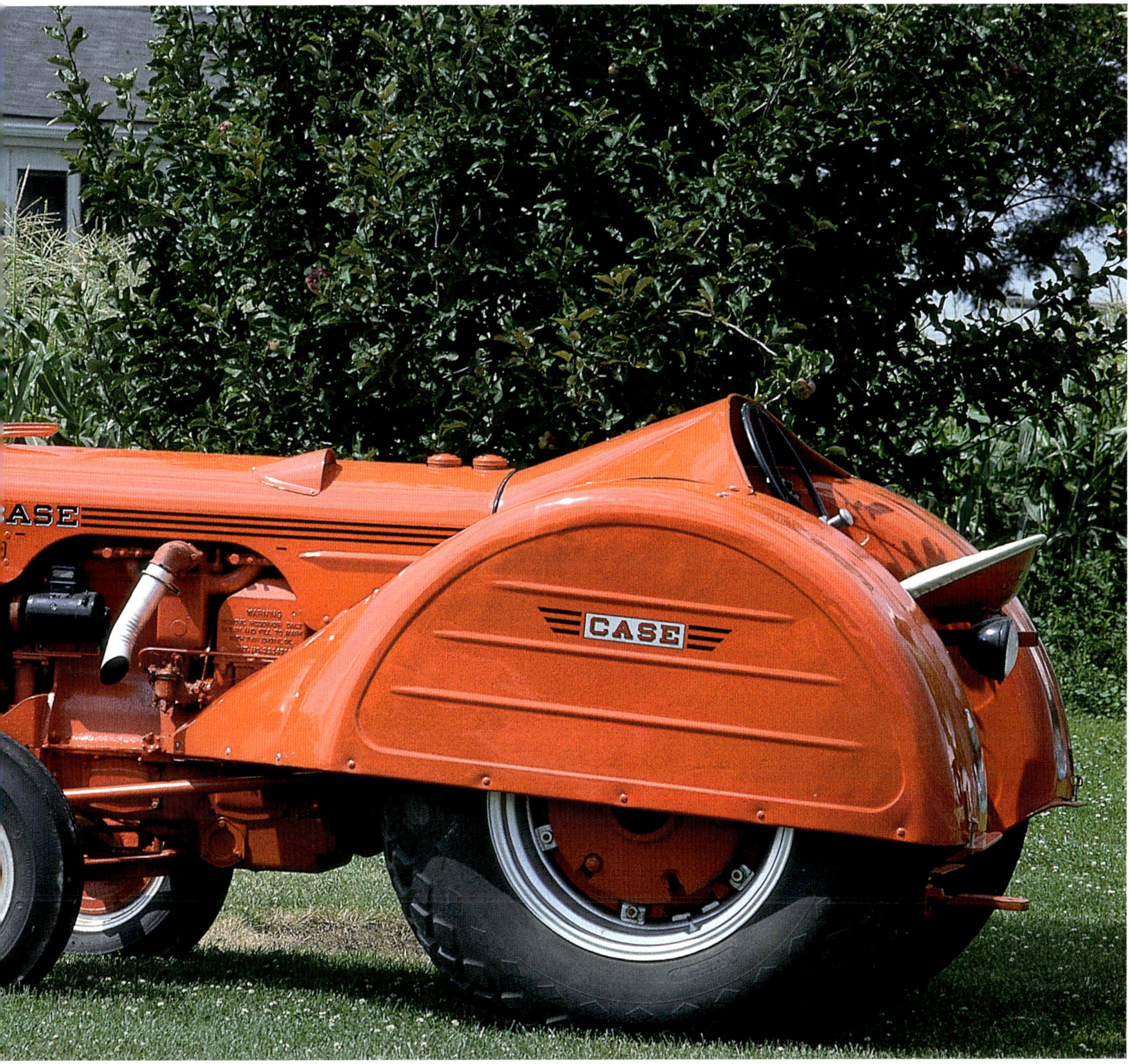

Case DO von 1950
Oben: *Das »O« stand für »Orchard«, d. h. Obstplantage. Die stromlinienförmige Radabdeckung an diesem Spezialmodell diente dazu, die Beschädigung der Pflanzen möglichst zu verhindern.*

Case 300 von 1956
Rechts: *Der Breitspurtraktor Case 300 wurde von 1931 bis 1957 gebaut und ging dann in das Dieselmodell 301 über. Er war der kleinste Traktor in der neuen Modellpalette mit flammend roter und sandfarbener Lackierung.*

Caterpillar Sixty von 1925
Die Vorgänger von Caterpillar, die Holt Manufacturing Company sowie die Firmen von Daniel und Cleo Best, bauten in erster Linie große Gleiskettenschlepper und Radtraktoren, die für die Holzarbeit und die Bearbeitung der weichen kanadischen Erde geeignet waren. Der 60 PS starke Sixty setzte diese Tradition fort.

Caterpillar Seventy-Five von 1934
Caterpillar experimentierte bereits seit 1929 mit Dieselmotoren und gehörte damit zu den Pionieren in Amerika. Der hier gezeigte Seventy-Five von 1934 besaß einen Sechszylindermotor.

Caterpillar, Holt und Best

Aus der 1925 erfolgten Vereinigung der konkurrierenden Firmen C. L. Best Gas Traction Company in Elmhurst und Holt Manufacturing Company in Stockton, die beide Gleiskettenschlepper bauten, entstand die Caterpillar Tractor Company in Peoria im US-Bundesstaat Illinois. Holt hatte bereits im Jahre 1908 die Vorgängerin der C. L. Best, die Daniel Best Company in San Leandro, übernommen.

Der aussagekräftige Name »Caterpillar« (engl. »Raupe«) war auf den Gleiskettenschleppern von Holt bereits seit 1904 zu finden gewesen und wurde zum Gattungsbegriff für alle Fahrzeuge dieser Art. Viele andere Firmen, ob groß oder klein, bauten Raupenschlepper, aber Caterpillar wurde insbesondere nach bahnbrechenden Arbeiten mit Dieselmotoren im Jahre 1929 und der drei Jahre darauf beginnenden Dieselserienfertigung zum bestbekannten Hersteller. In den dreißiger Jahren wurden für die Landwirtschaft neben Schleppern mit Dieselmotor auch noch Modelle mit Benzin-/Kerosinmotor gebaut; anschließend jedoch konzentrierte man sich fast ausschließlich auf Dieselantrieb. In den siebziger Jahren entwickelte Caterpillar den SA-Diesel, bei dem ein mit der Gangschaltung verbundenes Magnetventil in den höheren Gängen zusätzlichen Kraftstoff freigab, um die maximale Leistung freizusetzen. Dadurch erreichten diese Raupenschlepper die Geschwindigkeit der neuen Traktoren mit Vierradantrieb und blieben nach der Einführung von Gummibelägen für die Ketten im Bereich der landwirtschaftlichen Arbeit wettbewerbsfähig.

Cletrac

Die Cleveland Tractor Company in Ohio baute ab 1916 Motorpflüge. Einer der größten Anteilseigner war Rollin White von der White Motor Company, die Lkw, Pkw und später auch Traktoren baute. Nach dem Motorpflug konstruierte Cletrac bald eigene leichte Raupenschlepper, die in der Landwirtschaft fast genauso bekannt waren wie die Maschinen von Caterpillar.

Cletrac gehörte zu den ersten Firmen, die in den dreißiger Jahren Dieselmodelle anbot, und zwar mit Hercules-Motoren aus dem eigenen Hause. 1939 kamen Radtraktoren hinzu, die aber schnell wieder verschwanden, als die Firma 1944 von Oliver übernommen wurde. Oliver-Cletrac-Raupenschlepper wurden noch bis 1965 gebaut, dann ging die Firma in den Besitz der White Motor Corporation über.

Cletrac-Raupenschlepper wurden teilweise unter dem Namen des Vertragshändlers Black Knox nach Großbritannien exportiert und waren 1937 die einzigen Raupenschlepper mit geregelter Differentialsteuerung, bei der jederzeit die volle Motorleistung zur Verfügung stand.

Caterpillar Seventy-Five von 1934
Der Caterpillar-Diesel wurde mittels eines kleinen Hilfsmotors an der Seite angelassen.

Cletrac-Broschüre von 1933
1933 hatte Cletrac fünf Raupenschleppermodelle mit einer Leistung von 15 bis 83 PS im Angebot.

John Deere

Nach den Anfängen mit den von John Deere zu Ende des 19. Jahrhunderts gebauten Pflügen wurde aus der Firma Deere & Company in Moline im US-Bundesstaat Illinois eins der weltweit größten Unternehmen im Bereich landwirtschaftlicher Maschinen.

Die Firma baute bereits in begrenztem Umfang Traktoren, als sie im Jahre 1918 die Waterloo Gasoline Engine Company in Waterloo, Iowa, erwarb, die den erfolgreichen Traktor Waterloo Boy herstellte.

An die Stelle des Waterloo Boy trat der klassische Deere D von 1923, der noch bis 1953 allmählich weiterentwickelt wurde. Er besaß eine ungewöhnliche Konstruktion mit liegendem Zweizylindermotor, dessen Zylinderköpfe vorn saßen, und gekapseltem Endantrieb über Kette. Das »Knattern« dieses Motors war typisch für viele Deere-Traktoren bis 1960. Dabei gab es von 1937 bis 1946 allerdings auch die kleineren Modelle L und LA mit stehenden Zweizylindermotoren von Hercules.

1938 entwarf der Konstrukteur Henry Dreyfuss für die Familie der Deere-Traktoren eine neue, stromlinienförmige Frontpartie. Als ganz neues Modell kam 1949 der Deere R mit Dieselmotor. Er war mit einer Leistung von 34/43 PS der zu diesem Zeitpunkt stärkste Deere-Traktor und besaß zum Anlassen einen benzinbetriebenen Hilfsmotor.

In den fünfziger Jahren erhielten die Baureihen 40 bis 80 und später auch 20 eine direkt angetriebene Zapfwelle und eine verbesserte Hydraulik. Die größten Traktoren besaßen ein Sechsganggetriebe und Servolenkung.

!959 stellte die Firma ihre ersten großen Traktoren mit Vierradantrieb vor, und 1960 bereitete dann eine ganz neue Modellpalette mit stehenden Vier- und Sechszylindermotoren den Weg für die heutigen Traktoren, von denen ein großer Teil in Deutschland gebaut wird, wo John Deere im Jahre 1955 das bekannte Lanz-Werk kaufte.

Broschüre zum Waterloo Boy aus der Zeit zwischen 1910 und 1920

Oben: *Die Firma Deere brauchte für ihre breite Palette an Landmaschinen einen Traktor und erwarb deshalb im Jahre 1918 die Waterloo Gasoline Engine Company, die den bekannten Waterloo Boy baute.*

Broschüre zum Deere D aus den 20er Jahren

Oben: *Der Waterloo Boy mußte 1923 dem Deere D weichen, mit dem die Firma ihren guten Ruf als Traktorhersteller festigte. Der Deere D begann mit einer Leistung von 15/27 PS, die zum Produktionsausklang auf 38/42 PS gestiegen war.*

Deere GP von 1930

Gegenüberliegende Seite: *Der Deere GP besaß einen 10/20-PS-Motor und als einer der ersten Traktoren überhaupt eine hydraulische Hebevorrichtung. Er ging auf den Deere C von 1928 zurück, der in GP umbenannt wurde, nachdem nur etwa 110 Exemplare gefertigt worden waren, und wurde 1935 durch den Deere B ersetzt.*

JOHN DEERE
JOHN DEERE

JOHN DEERE

Broschüre zum Deere A und B aus den 30er Jahren
Oben: *Der Deere A von 1934 und der kleinere Deere B von 1935 machten den »Knatter«-Motor mit zwei liegenden Zylindern bekannt.*

Deere B von 1935
Links: *Das Modell B von 1935 wurde von Deeres geliebtem Motor mit zwei nebeneinander liegenden Zylindern und einer Nennleistung von 9/14 PS angetrieben, während der größere Deere B 18/24 PS leistete.*

Deere AW aus den 30er Jahren
Oben: *Deere AW mit breiter Vorderachse und Ford-V8-Coupé vor der überdachten Brücke in Spencerville, Indiana; Besitzer: Don Wolf*

Deere 50 aus den 50er Jahren
Rechts: *Das Modell 50 wurde im Jahre 1952 eingeführt und blieb bis 1956 in der Produktion. Im Jahre 1954 erhielt es als erster Serientraktor eine Servolenkung.*

Deere H aus den 40er Jahren

Oben: *Der von 1939 bis 1947 gefertigte Deere H besaß einen 12-PS-Motor. Er konnte sowohl seitlich als auch hinten mit Geräten bestückt werden; Besitzer: Kenneth Anderson, USA.*

Deere 435 von 1960

Links: *Das Baujahr 1960 bedeutete das Ende für die Deere-Motoren mit zwei nebeneinander liegenden Zylindern. Der neue Deere 435 wurde von einem Zweitakt-Dieselmotor von Detroit angetrieben. Zur gleichen Zeit brachte die Firma eigene Vier- und Sechszylinderdiesel auf den Markt. Der 435 besaß Servolenkung; Besitzer: Don Wolf, Indiana.*

Fordson und Ford

Henry Ford war der Sohn eines Farmers und beschäftigte sich schon in den Anfangszeiten seines erfolgreichen Automobilbauunternehmens mit Möglichkeiten, die landwirtschaftliche Arbeit zu erleichtern – natürlich auch in Gedanken an den eigenen Vorteil. Nach Experimenten mit vielen Traktorkonstruktionen exportierte er im Jahre 1917 seinen ersten Fordson nach Großbritannien und begann 1918 mit der Produktion für den nordamerikanischen Markt. Der Fordson besaß einen ähnlichen Motor wie der Ford T, was die Produktionskosten verringerte und im Jahre 1922 einen Verkaufspreis von gerade einmal 395 US-Dollar ermöglichte. Sein revolutionärer gußeiserner Rahmen umfaßte den Sumpf, das Getriebegehäuse und die Aufhängungen für Vorderachse und Kühler.

Aus diesen bescheidenen Anfängen entwickelte sich Ford bereits 1918 zum größten amerikanischen Traktorhersteller mit einem Ausstoß mit 30 000 Fordson-Traktoren. In Großbritannien erwarb der Fordson sich im 1. Weltkrieg den Ruhm, einen wesentlichen Beitrag zur Linderung des Hungers geleistet zu haben.

Ford errichtete ein Werk im irischen Cork, wo von 1919 bis zur Eröffnung des Werks Dagenham bei London in den dreißiger Jahren auch gelegentlich Traktoren gebaut wurden. In Amerika wurde die Produktion 1918 eingestellt, nachdem erstaunliche 738 000 Exemplare des Fordson verkauft worden waren. Ab 1928 importierte Ford in Großbritannien gebaute Fordson-Traktoren in die USA und nach Kanada.

Aus dem ursprünglichen Fordson F wurde 1929 der ähnlich aussehende Fordson N, dessen Motor durch größere Bohrungen eine Leistungssteigerung auf 27 PS erfahren hatte, und dieses Standardmodell wurde mit verschiedenen Verbesserungen bis zum Ende des 2. Weltkriegs gebaut.

In der Zwischenzeit hatte Ford in den Vereinigten Staaten 1939 mit der Produktion des Ford 9N mit Harry Fergusons genialer hydraulischer Dreipunktanbaukupplung und Pflugtiefensteuerung begonnen. Nach dem Krieg und nach Henry Fords Tod kam es zwischen dem Unternehmen und Ferguson zu einem langwierigen Rechtsstreit über Patentverletzungen, aus dem Ferguson mit einer hohen finanziellen Entschädigung als Sieger hervorging. Ford baute weiterhin seine Baureihe N, während Ferguson mit der Produktion seiner eigenen Modelle begann.

In Großbritannien wurde der Fordson E27N Major für den weltweiten Markt produziert, und in den Vereinigten Staaten deckte die Firma 1955 mit fünf Modellen praktisch den gesamten populären Leistungsbereich ab. Ford hatte außerdem den Landmaschinenhersteller Wood Bros. Inc. gekauft, um auch in diesem Bereich präsent zu sein.

1961 brachte Ford mit dem Modell 6000 mit einem Sechszylindermotor, der am Zughaken 60 PS leistete, seinen bis dahin größten Traktor auf den Markt. Diesem folgten im Jahre 1969 der 8000 und 1969 der 9000 mit Turbolader, der 130 PS leistete.

1986 erwarb Ford die Sperry New Holland Company und 1987 die kanadische Firma Versatile. 1993 ging die Ford-Traktorsparte an Fiat, unter dessen Kontrolle New Holland unter der Bezeichnung New Holland Ford weiterhin Traktoren für die Landwirtschaft in aller Welt baut.

Fordson-Werbung von 1930

Gentleman's Agreement 1938
Harry Ferguson, links, und Henry Ford besiegeln 1938 nach der Vorführung durch Ferguson per Handschlag die Abmachung zum Bau des revolutionären Ford-Ferguson 9N.

Ford-Ferguson 2N von 1946
Oben: *Der 2N wurde sechs Jahre lang produziert. Obwohl die Produktion im ersten und letzten Jahr nur teilweise erfolgte, wurden insgesamt fast 200 000 Exemplare gebaut, mehr als das Doppelte des 9N. Das hier gezeigte Modell hat ein Sherman-Übersetzungsgetriebe, so daß sechs Vorwärts- und zwei Rückwärtsgänge zur Verfügung standen. Scheinwerfer und Kühlerschutz waren im Jahre 1946 als Sonderausstattung erhältlich; Besitzer: Floyd Dominique, Napoleon, Ohio.*

Ford-Ferguson 9N von 1940
Links: *Der 9N wurde 1939 vorgestellt. Er wurde angetrieben von einem Reihenvierzylinder mit 1,96 Liter Hubraum und 79,6 x 93,75 mm Bohrung x Hub. »Ein schwarzer Tag für Hans und Liese,« war in einer Zeitungsanzeige zu lesen, da der Traktor die Pferdegespanne auf den Höfen ersetzen sollte.*

Ford

Ford 8N von 1948

Oben: *Der 8N wurde trotz des Rechtsstreit mit Harry Ferguson von Ende 1947 bis 1952 gebaut. Als Gegenmaßnahme begann Ferguson mit der Fertigung seines TE-20. Der hier abgebildete 8N ist besser als neu, nachdem er von der Firma N-Complete in Wilkinson, Indiana, die sich auf die Baureihe N spezialisiert hat, völlig restauriert wurde.*

Ford 8N von 1949

Links: *Nach dem Bruch mit Harry Ferguson stellte Ford 1947 den 8N vor. Das neue Modell war ein nur schwach getarnter Nachbau des 2N, und Ferguson strengte daher einen langwierigen Rechtsstreit an; Besitzer: Floyd Dominique, Napoleon, Ohio.*

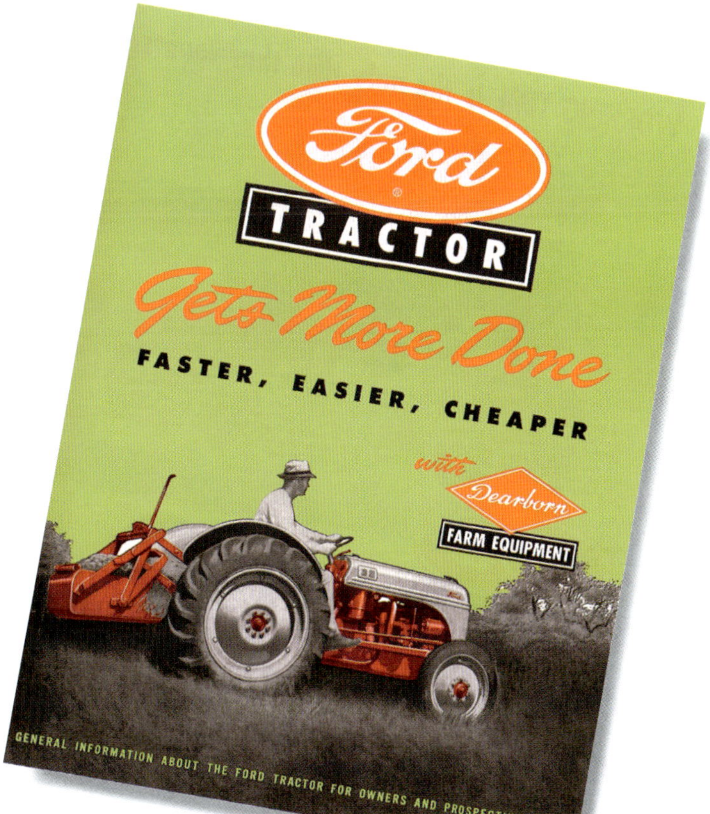

Broschüre zum Ford 8N von 1947

Ford
FORD 971 SELECT-O-SPEED

Ford 601 Workmaster von 1960
Oben: *Der 601 Workmaster feierte sein Debüt 1957 als verbesserte Version des 600 von 1955. Der Workmaster besaß einen 2,2-Liter-Motor, während die Baureihe Powermaster von einem 2,8-Liter-Motor angetrieben wurde; Besitzer: Mike Hanna, Pendleton, Indiana.*

Ford NAA Golden Jubilee von 1953
Rechts: *Die Ford Motor Company feierte ihren fünfzigsten Geburtstag im Jahre 1953 mit neuen Pkw-, Lkw- und Traktormodellen. Der NAA hatte an der Nase eine runde Plakette mit einem neuen Logo: Einen Getreidehalm mit dem Ford-Oval darüber und der Aufschrift »Golden Jubilee Model 1903 – 1953«. Bei 54er und späteren Modellen fehlte die Aufschrift; Besitzer: Floyd Dominique, Napoleon, Ohio.*

Ford 971 LPG Workmaster von 1961
Gegenüberliegende Seite: *Der 971 stand mit Benzin- und Flüssiggasmotoren zur Verfügung. 1959 bekam die Workmaster-Baureihe im Gedenken an den 8N wieder die rotgraue Lackierung; Besitzer: Dwight Emstrom.*

Hart-Parr

Nachdem Charles Hart und Charles Parr im Jahre 1897 als Maschinenbauer angefangen hatten, bauten sie im Jahre 1901 in Charles City im US-Bundesstaat Iowa ihren ersten Traktor. Dieser gilt nach allgemeiner Ansicht als erster erfolgreicher Serientraktor überhaupt. Ein paar Jahre später soll der Vertriebsleiter der Hart-Parr Company dann den Begriff »Traktor« geprägt haben.

Die Firma Hart-Parr spezialisierte sich auf massige Traktoren mit ölgekühlten Benzinmotoren in direkter Konkurrenz zu den Dampfmaschinen, die damals normalerweise für schwere Transporte und zum Umpflügen des Prärielandes eingesetzt wurden. Nach dem Mißerfolg mit dem Little Red Devil führte Hart-Parr 1918 kleinere, konventionellere Maschinen mit quer eingebautem Motor wie der spätere Case ein. Sie standen in mehreren Größen zur Verfügung und erfreuten sich einer gewissen Beliebtheit.

1929 fusionierte Hart-Parr mit fünf Firmen, darunter die Oliver Chilled Plow Company aus South Bend in Indiana und der Traktorhersteller Nichols & Shepard Company aus Battle Creek in Michigan zur Oliver Farm Equipment Corporation mit Sitz in Chicago. Unter der Bezeichnung Oliver Hart-Parr wurden die Hart-Parr-Traktoren noch mehrere Jahre lang weitergebaut.

Hart-Parr 12/24 E von 1926
Die Firma Hart-Parr spielte bei der Fusion, aus der 1929 die Oliver Farm Equipment Corporation entstand, eine Schlüsselrolle. Hier abgebildet ist ein Exemplar des Traktors, den sie 1926 baute: Das Modell E mit 12/24-PS-Zweizylindermotor.

Huber

Die Huber Manufacturing Company in Marion, Ohio, baute seit 1898 einige der ersten benzinbetriebenen Serientraktoren. Sie basierten auf Patenten von Benjamin Vanduzen. Die Firma baute Traktoren bis zum 2. Weltkrieg und stellte sich dann auf Baumaschinen um. 1950 fertigte Huber den Global-Traktor für den Vertrieb durch ein anderes Unternehmen.

Werbung für den Huber Super Four aus den 20er Jahren
Der Super Four kam 1921 mit einem Midwest-Motor mit 15/30 PS auf den Markt.

International Titan Type D von 1911
Der massige Titan Type D erschien im Jahre 1910 mit einem 45-PS-Motor, bei dem die beiden nebeneinander liegenden Zylinder mit 225 x 350 mm Bohrung x Hub gleichzeitig gezündet wurden.

International Harvester

Die International Harvester Company in Chicago entstand im Jahre 1902 mit einem Kapital von 120 Millionen Dollar aus der Fusion der konkurrierenden Firmen McCormick Harvesting Machine Company und Deering Harvester Company sowie mehrerer anderer. 1906 baute International 25 Traktoren mit 15 PS, gefolgt von 200 weiteren im Jahre 1907. 1965 wurde der viermillionste International-Traktor produziert.

Die frühen Traktoren liefen unter den Bezeichnungen Mogul und Titan und waren in der Regel massige Maschinen. Kleinere Versionen gab es ab etwa 1910; davon wurden im 1. Weltkrieg Tausende nach Europa exportiert. Sie sahen selbst für die damalige Zeit archaisch aus und wurden 1917 durch den 8/16 Junior mit einer geschlossenen Haube ersetzt, an deren Rückwand sich der Kühler befand.

1921 folgte der McCormick-Deering 15/30 mit vorn montiertem Kühler, und zwei Jahre später kam der 10/20 mit Vierzylindermotor mit hängenden Ventilen und kugelgelagerter Kurbelwelle. Der 10/20 war einer der ersten beliebten Traktoren mit Zapfwelle. Er war besser konstruiert und besser ausgerüstet als der Fordson, aber auch teurer. Bis zum Beginn des 2. Weltkriegs wurde er in insgesamt 215 000 Exemplaren verkauft.

International Harvester war ein wahrhaft internationales Unternehmen. Es baute ein Werk in Hamilton in Kanada, dem 1905 das erste europäische Werk in Norrköping in Schweden folgte. Weiter Fertigungsstätten wurden in Deutschland, Frankreich und Rußland errichtet.

1924 erschien der leichte Vielzwecktraktor Farmall mit einer breiten Palette an Anbaugeräten. Er entwickelte sich nach einem langsamen Verkaufsstart zu einem großen Erfolg und revolutionierte die Rolle des Traktors in der Landwirtschaft. 1930 wurde der hunderttausendste Farmall gebaut.

Caterpillar hatte bereits die Sparsamkeit von Dieselmotoren bewiesen, als International Harvester als erstes Unternehmen in den Vereinigten Staaten mit dem WD-40 von 1934 einen dieselgetriebenen Radtraktor anbot.

International baute weiterhin den Raupenschlepper TracTracTor und schloß sich Ende der dreißiger Jahre dem allgemeinen Trend zur Stromlinienform an. Der kleine Farmall A von 1939, dessen versetzter Motor den freien Blick auf seitlich und vorn angebrachte Anbaugeräte ermöglichte, ähnelte dem Allis-Chalmers B und erschloß weitere Möglichkeiten.

Im 2. Weltkrieg und in den Nachkriegsjahren wurde die International-Modellpalette stark verbreitert und weitere Werke in Großbritannien, Frankreich, Deutschland, Australien und anderswo gebaut. Mitte der sechziger Jahre wurden riesige Traktoren mit Vierradantrieb ins Programm aufgenommen.

International erwarb Anteile an der Steiger Tractor Company in Fargo, North Dakota, bevor das Unternehmen selbst im Jahre 1984 von der Tenneco mit Sitz in Houston erworben wurde. Die Traktorsparte wurde anschließend mit der Tenneco-Tochter Case zur Case International zusammengelegt. Die Case Corporation besitzt gegenwärtig mehrere Werke in den Vereinigten Staaten, während sich ihre wichtigste europäische Fertigungsstätte im ehemaligen International-Werk im englischen Doncaster befindet.

International 8/16 von 1918

Oberes Bild: *Der 8/16 war ein bedeutender Vorläufer des Farmall, weil er den Beweis dafür lieferte, daß es einen Markt für leichte Traktoren gab. Er wurde 1917 eingeführt und bis 1922 gebaut.*

Farmall Regular von 1930

Unteres Bild: *Der Regular war technisch derart durchdacht, daß er von der Einführung im Jahre 1924 bis zur Einstellung der Produktion im Jahre 1932 kaum geändert wurde. An seine Stelle trat der F-20. Im Hintergrund ein International KB-6 von 1947; Besitzer: Larry Kinsey, Indiana.*

McCormick-Deering 10/20 von 1930
Links oben: *Der McCormick-Deering 10/20 war ein immens beliebter Standardtraktor, der auch in der Zeit des Farmall großartige Verkaufszahlen erreichte. Von 1923 bis 1939 wurden etwa 215000 Exemplare gebaut; der Höhepunkt kam im Jahre 1929 mit fast 40000 verkauften Einheiten. Der 10/20 besaß einen Vierzylinder-Kerosinmotor mit hängenden Ventilen, 106,25 x 125 mm Bohrung x Hub und 4,7 Liter Hubraum; Besitzer: Larry Kinsey, Indiana.*

Farmall Regular von 1930
Links unten: *Der Farmall Regular wurde angetrieben von einem Vierzylindermotor mit hängenden Ventilen und 93,75 x 125 mm Bohrung x Hub.*

Farmall Regular von 1930
Unten: *Ende des Arbeitslebens für den gut restaurierten Farmall Regular; Besitzer: Larry Kinsey, Indiana.*

Farmall H von 1950
Breitspurtraktor Farmall H von 1950 mit einem Allis-Chalmers im Hintergrund in Lampson's Cedar View Orchard in Iowa.

Farmall Super MD-TA von 1954
Oben: *Der MD-TA besaß einen Zapfwellenantrieb, aber keine hydraulische Hebevorrichtung. Dieses Modell hatte fünf Vorwärtsgänge.*

Farmall Super MD-TA von 1954
Unten: *Der MD-TA war eine Dieselausführung des bekannten M mit hebelbetätigtem Drehkraftverstärker. Restauriert von seinem Besitzer Donald Schaeffer, begibt sich dieser Super MD-TA an einem kalten Frühjahrsmorgen auf die Fahrt.*

Minneapolis-Moline

In einer Fusion mit weitreichenden Konsequenzen vereinigten sich im Jahre 1929 die Hersteller der erfolgreichen Twin-City-, Minneapolis- und Universal-Traktoren, um unter dem Namen Minneapolis-Moline Company eine neue, vollständige Palette von Landmaschinen auf den Markt zu bringen. Die Twin-City-Traktoren waren von der Minneapolis Steel & Machinery Company in Minneapolis gebaut worden, die Minneapolis-Traktoren stammten von der Minneapolis Threshing Machine Company in Hopkins, Minnesota, und der Universal-Motorkultivator kam von der Moline Plow Company in Moline in Illinois.

Minneapolis Steel & Machinery hatte Case- und Bull-Konstruktionen gebaut sowie zwischen 1910 und 1920 auch ihre eigenen Maschinen. Dabei handelte es sich meistens um riesige Fahrzeuge mit Trommelkühlern für den Einsatz in der Prärie. 1914 wurde jedoch für die Grain-Growers-Genossenschaft ein leichteres Modell konstruiert, aus dem sich die ausgezeichneten Twin-City-Modelle entwickelten, die – wie etwa der Twin City 17/28 – bis zur Gründung der Minneapolis-Moline Company gebaut wurden. Der 12/20 von 1919 war wahrscheinlich der erste Traktor überhaupt, dessen Motor über vier Ventile pro Zylinderkopf verfügte, ein Merkmal, das er mit dem Bugatti-Sportwagen aus der gleichen Zeit teilte.

Die nachfolgenden Minneapolis-Moline-Traktoren durchliefen vielfach die gleichen Entwicklungsphasen wie ihre großen Konkurrenten und waren im Jahre 1935 die ersten, die mit hochverdichtenden Benzinmotoren ausgestattet wurden, um auch höherwertiges verbleites Benzin nutzen zu können. 1938 bekam der UDLX »Comfortractor« als erster eine vollwertige Kabine mit Heizung und Scheibenwischern, und im gleichen Jahr wurden das stromlinienförmige »Visionlined«-Design und Fünfganggetriebe eingeführt.

Minneapolis-Moline-Traktoren wurden während des 2. Weltkriegs im Rahmen des Leih-Pacht-Vertrages gern genommen, doch in den fünfziger Jahren wurde der Konkurrenzdruck immer größer. 1963 rettete sich die Firma unter das Dach der White Motor Corporation, um dann Mitte der siebziger Jahre mit ihrem Namen endgültig vom Markt zu verschwinden.

Nichols & Shepard

Bevor er die Firma Aultman-Taylor gründete, arbeitete Henry Taylor für die angesehene Nichols & Shepard Company, einen bekannten Dreschmaschinenhersteller in Battle Creek im US-Bundesstaat Michigan. Die Firma baute dann auch Dampf-Lokomobile und, im Jahre 1911, den Oil-Gas-Traktor. Sie behauptete sich bis zur Fusion mit Oliver im Jahre 1929 am Markt.

Twin City 16/30 von 1918

Der 16/30 gehörte zu einer Reihe fortschrittlicher Traktoren zwischen 12 und 60 PS, die die Minneapolis Steel & Machinery Company im Jahre 1918 im Programm hatte. Das hier abgebildete Modell besaß einen Vierzylindermotor mit 125 x 187,5 mm Bohrung x Hub; Besitzerin: Sue Dougan, Iowa.

Moline Universal D von 1918

Der 9/18-PS-Motorpflug wurde 1918 eingeführt und blieb bis 1923 in der Fertigung. Er besaß einen elektrischen Anlasser, einen Vierzylindermotor und einen kuriosen länglichen Kühler, der zum Glück gut verkleidet war; Besitzerin; Sue Dougan, Iowa.

Minneapolis-Moline MTA Universal von 1935
Oben: *Der Twin-City-Traktor wurde 1929 in die neu gegründete Minneapolis Moline Company eingebracht und lebte noch eine Zeitlang in verschiedenen Modellen weiter, darunter auch dieser Breitspurtraktor MTA Universal; Besitzer: Roger Mohr, Vail, Iowa.*

Broschüre zum Minneapolis-Moline Z von 1939
Links: *Der Z im »Visionlined«-Design wurde von einem 3,1-Liter-Vierzylindermotor mit 16/23 PS angetrieben.*

Minneapolis-Moline R von 1944
Oberes Bild: *Der R war das kleinste Modell in der damaligen Palette von Minneapolis-Moline.*

Minneapolis-Moline R von 1944
Unteres Bild: *Dieser Minneapolis-Moline R wurde ab Werk mit Stahlkabine und seitlichen Anbaugeräten geliefert; Besitzer: Roger Mohr, Vail, Iowa.*

Minneapolis-Moline UDLX
Rechts: *Der UDLX Comfortractor besaß die Luxuskabine von Minneapolis-Moline.*

MM

Broschüre zum Oliver 90 aus den 30er Jahren
Der berühmte Oliver 90 wurde von 1937 bis 1953 gebaut. Der Motor mit hängenden Ventilen besaß 118,85 x 156,25 mm Bohrung x Hub.

Oliver

Die Oliver Farm Equipment Corporation in Chicago entstand aus einer weiteren Fusion im Landmaschinenbau, bei der sich die Oliver Chilled Plow Company aus South Bend im US-Bundesstaat Indiana mit der Hart-Parr Company aus Charles City in Iowa und anderen verband.

Die Traktoren der neuen Firma liefen anfänglich unter der Bezeichnung Oliver Hart-Parr und waren beeindruckende Maschinen auf hohem technischen Niveau. Die Oliver-Traktoren erhielten Mitte der dreißiger Jahre ein schnittigeres Aussehen, und die Firma spezialisierte sich auf Modelle mit Sechszylindermotor.

Nach der Übernahme durch die White Motor Corporation im Jahre 1960 wurde der Name Oliver noch eine Zeitlang beibehalten. In den sechziger Jahren wurden Oliver-Modelle teilweise auch von David Brown in Großbritannien sowie Fiat und SAME in Italien gebaut.

Oliver Hart-Parr 70 von 1936 und Oliver 77 von 1948
Oben: *Zwei Generationen auf einem Bild; im Vordergrund ein Breitspurtraktor Oliver Hart-Parr 70 von 1936 und vor dem Schuppen ein Oliver 77 Fleetline Standard von 1948. Der 77 kam als Ersatz für den ehrwürdigen 70, dessen Stammbaum bis in die Tage von Hart-Parr zurückging.*

Broschüre zum Oliver 70 von 1939
Rechts: Der Oliver 70 war erhältlich als Breitspurausführung wie hier sowie in einer Standardversion und einer Ausführung für Obstplantagen.

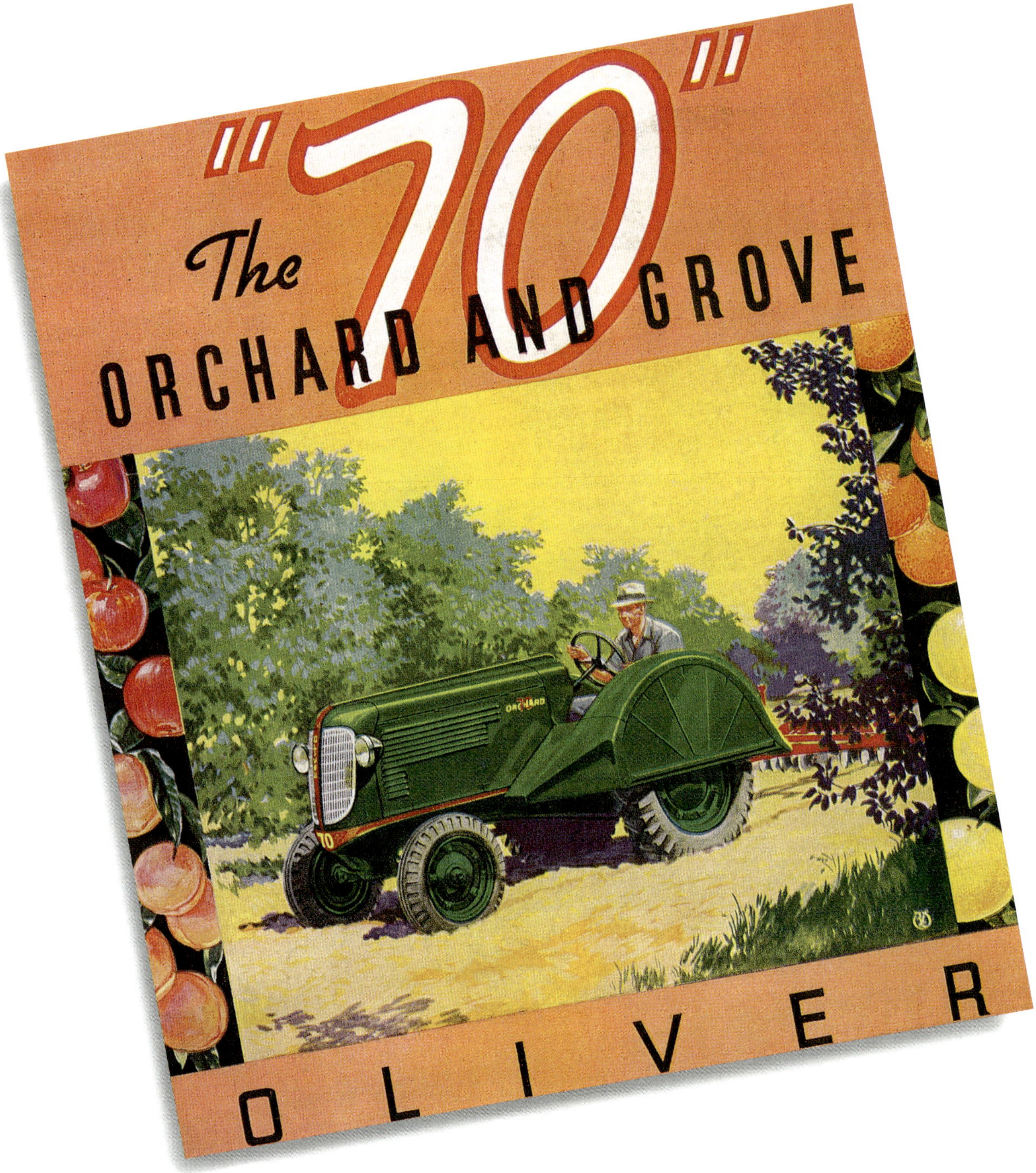

Broschüre zum Oliver 70 Orchard aus den 50er Jahren
Oben: Gleichzeitig mit dem eckig aussehenden Modell 90 baute Oliver das windschnittigere Modell 70 mit Sechszylindermotor, hier in der Ausführung für Obstplantagen.

Oliver HG von 1952
Rechts: Der Raupenschlepper HG bildete eine Fortführung der Cletrac-Modellpalette, die Oliver 1944 gekauft hatte. Der HG besaß eine geregelte Differentiallenkung, die das Wenden bei voller Leistung ermöglichte.

Oliver Super 99 von 1958
Oben: *Der Super 99 war ein echt »heißer Ofen«. Er wurde angetrieben von einem aufgeladenen Dreizylinder-Zweitakt-Diesel von Detroit mit 3,5 Litern Hubraum. Das Roots-Gebläse drückte mehr Gemisch in die Verbrennungskammer und sorgte für eine Motorleistung von 73/78 PS bei 1675 U/min; Besitzer: Dick Ramminger, Wisconsin.*

Oliver HG von 1952
Links: *Als Zweipflugmaschine mit drei Vorwärts- und einem Rückwärtsgang leistete der HG 18/22 PS.*

Samson

Ein weiterer einst vertrauter Name war der der Samson Tractor Works aus Stockton in Kalifornien, die im 1. Weltkrieg niedrige Traktoren mit offenen Greiferrädern bauten. Die Firma wurde 1918 von General Motors aufgekauft, um auf dem Traktormarkt gegen Henry Ford antreten zu können.

General Motors erhoffte sich viel von den Samson Sieve Grip, mußte aber schnell erkennen, daß er dem Fordson nicht Paroli bieten konnte. Auch das konventionell gebaute Modell M hatte keine Chance gegen Ford, weil General Motors einen kurzzeitigen Vorteil zugunsten eines Abstechers in den Motorpflugbau aufgab.

Samson Sieve Grip von 1919
Umgeben von einer Zirkustruppe aus Zwergen, Clowns, Zigeunerinnen und Affen hatte der Sieve Grip im Jahre 1929 einen Filmauftritt. Er war bei der Einführung im Jahre 1914 mit 6/12 PS und 10/25 PS erhältlich.

Steiger

Viele Traktorhersteller hatten sich am Vierradantrieb versucht, waren aber in der Regel finanziell nicht ausreichend ausgestattet gewesen und hatten schnell wieder aufgeben müssen. Die kanadische Massey-Harris baute in den dreißiger Jahren ihren erfolgreichen Leichttraktor General Purpose mit Vierradantrieb. Aber erst als in den sechziger Jahren Traktoren mit großen Markenmotoren aufkamen, konnte sich der Vierradantrieb durchsetzen, und in den siebziger Jahren umfaßte die Modellpalette aller Hersteller als Spitzenmodell einen vierradgetriebenen Traktor, der oftmals von der Steiger Tractor Company in Fargo im US-Bundesstaat North Dakota gebaut worden war.

Gründer des Unternehmens waren die Farmer Douglas und Maurice Steiger, die seit 1957 eigene Maschinen aus Teilen von Euclid-Planierraupen zusammenbauten. Steiger wurde 1986 von der amerikanischen Firma Tenneco erworben.

Die Firma MRS aus Flora im Bundesstaat Mississippi baute in der gleichen Zeit vierradgetriebene Traktoren.

Wallis

Die Wallis Tractor Company in Racine, Wisconsin, war eine der ersten Firma, die im Traktorbau einen Motor-Getriebeblock einsetzte. H. M. Wallis war Präsident der J. I. Case Plow Works, die ihren Sitz ebenfalls in Racine hatten, aber von der J. I. Case Threshing Machine Company zu unterscheiden sind; er war außerdem Präsident der Firma Wallis, die im Jahre 1902 einen massigen Traktor mit der Bezeichnung Bear baute.

Die Wallis-Konstrukteure Clarence Eaton und Robert Hendrickson ließen sich 1913 ihren Rahmen aus gebogenem Grobblech für den Wallis Cub patentieren. Der Cub besaß noch einen freiliegenden Tellerradantrieb, doch ein verbessertes Modell kam schon zwei Jahre später mit einem gekapselten Antrieb, der in Öl lief. Die Vorteile eines Motor-Getriebeblocks lagen, wie schon Henry Ford erkannt hatte, in Materialeinsparungen und in der permanenten Ausrichtung aller Wellen und Lager in Motor und Getriebe. Der Wallis-Traktor erfreute sich in den zwanziger Jahren großer Beliebtheit und wurde zum Ausgangspunkt für den nachfolgenden Massey-Harris-Traktor, nachdem Massey Wallis im Jahre 1928 übernommen hatte.

Der Wallis wurde außerdem für kurze Zeit von dem britischen Dampfmaschinenbauer Ruston & Hornsby in Lincoln gefertigt, der auch Geschützschlepper mit Verbrennungsmotor und später Personenwagen herstellte.

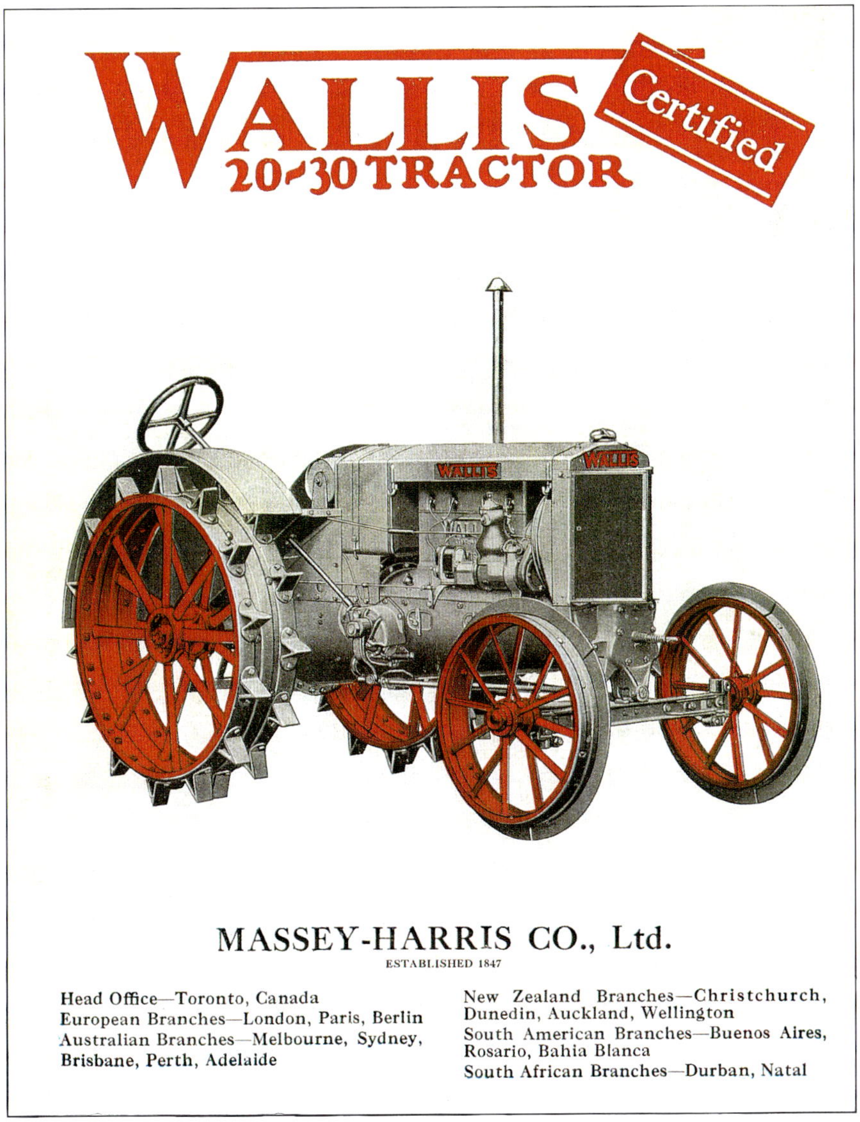

Broschüre zum Wallis 20/30 von 1928
Der Wallis mit Motor-Getriebeblock stieß 1928 zur Massey-Harris-Palette. Der Motor mit hängenden Ventilen leistete 20/30 PS.

Waterloo Boy

Der Waterloo Boy war der Traktor, mit dem Deere & Company im Jahre 1918 erfolgreich in den Traktormarkt einstieg. Seine Wurzeln lagen jedoch viel weiter in der Vergangenheit.

Konstrukteur des Waterloo Boy war John Froehlich, der im Jahre 1892 eine Maschine baute, bei der es sich möglicherweise um den weltweit ersten Traktor mit Verbrennungsmotor handelte, der ein Getriebe mit Vorwärts- und Rückwärtsgängen besaß. Froehlich gründete anschließend die Waterloo Gasoline Traction Engine Company, die er aber bald wieder verließ, als seine Mitgesellschafter in den Motoren- anstatt in den Traktorbau investierten.

Im Jahre 1912 brachte die Nachfolgefirma Waterloo Gasoline Engine Company schließlich den Waterloo Boy auf den Markt, eine einfache, unkomplizierte Konstruktion, die unter der Bezeichnung Overtime auch nach Großbritannien exportiert wurde. Als Deere & Company die Firma im Jahre 1918 übernahm, waren über 8000 Exemplare des Waterloo Boy verkauft worden.

White

Die White Motor Corporation aus Cleveland im US-Bundesstaat Ohio kam erst spät zum Traktorbau, war aber eine seit langem etablierte Firma. Sie fertigte ab 1866 zunächst Nähmaschinen und später dann Fahrräder, Rollschuhe, Werkzeugmaschinen und Dampfwagen. Anschließend kamen benzingetriebene Personen- und Lastkraftwagen hinzu, die zu den bekanntesten Produkten der Firma wurden. Die Lkw-Sparte von White wurde 1981 von Volvo übernommen.

Im Jahre 1960 erwarb White die Firma Oliver, zu der unter anderem die Firma Cletrac gehörte, die einst von Rollin White gegründet worden war. An weiteren Traktor- und Landmaschinenherstellern erwarb White 1962 die kanadische Cockshutt und 1963 die amerikanische Minneapolis-Moline. Aus all diesen Erwerbungen entstand 1973 die White Farm Equipment Company (WFE) mit Sitz in Oak Brook im US-Bundesstaat Illinois als eigenständige Abteilung der White Motor Corporation.

Während zu Beginn vorhandene Oliver- und Minneapolis-Moline-Traktoren ab 1969 einfach um den Namen White ergänzt wurden, war ein großer vierradgetriebener Traktor von Minneapolis-Moline 1970 auch als White Plainsman zu haben. Daraus entwickelten sich der 4–150 und 1974 schließlich der White Field Boss. Im folgenden Jahr erschienen zweiradgetriebene White-Traktoren von ähnlichem Aussehen.

Ende 1980 ging WFE in den Besitz der TIC Investment Corporation in Dallas über und wurde zum eigenständigen Unternehmen. In den neunziger Jahren wurde White in den AGCO-Konzern eingegliedert, der die Traktoren mit Ausnahme der größten vierradgetriebenen AGCOSTAR-Modelle weiterhin unter dem Namen White vertreibt.

Waterloo Boy N von 1920
Oben: *Der Waterloo Boy wurde von Deere & Company übernommen und deren erster in Serie gefertigter Traktor. Im Hintergrund ein Ford T Pickup; Besitzer: Don Wolf, Indiana.*

Waterloo Boy N von 1920
Rechts: *Im Jahre 1920 wurde ein Waterloo Boy N als erster Traktor von der Universität von Nebraska getestet. Er leistete 12 PS am Zughaken und 25,5 PS am Treibriemen; Besitzer: Don Wolf, Indiana.*

VALMET 33 DIESEL
VALMET
346 KA

Andere Länder

In nahezu jedem Industrieland gab es zur einen oder anderen Zeit Hersteller von landwirtschaftlichen Traktoren. Doch wenn der Markt in den betreffenden Ländern nicht groß, ergiebig oder durch Zölle geschützt war, überlebten nur wenige von ihnen den Auftritt der multinationalen Hersteller mit ihren riesigen Entwicklungsbudgets und Vertriebsorganisationen.

Valmet 33D von 1957
Gegenüberliegende Seite: *Valmet ist seit langem der führende Traktorhersteller in Finnland. Der Dieselmotor des hier abgebildeten 33D von 1957 leistete, wie die Modellbezeichnung ahnen läßt, 33 PS.*

Broschüre zum russischen XT3–7 aus den 50er Jahren
Oben: *Exemplar eines russischen Traktors aus den fünfziger Jahren mit 12-PS-Motor, fünf Vorwärts- und vier Rückwärtsgängen sowie um 180 Grad drehbarem Fahrerstand und drehbarer Beleuchtung.*

Österreich: Lindner und Steyr

Aus Österreich stammen die Lindner- und Steyr-Traktoren. Lindner begann 1947 mit dem Bau kompakter Modelle, um dann in den siebziger Jahren in die Herstellung von Traktoren mit mittlerer Leistung einzusteigen.

Steyr errang wie die tschechoslowakische Zetor die ersten Erfolge mit Schußwaffen; das Firmenlogo zeigt eine Zielscheibe. Steyr fertigte Fahrräder, bevor die Firma die Produktion im Jahre 1920 um Personenwagen und den Excelsior-Motorpflug erweiterte, der mit einer Lizenz der tschechoslowakischen Laurin & Klement gebaut wurde. Steyr nahm anschließend Lastkraftwagen und ab 1928 landwirtschaftliche Traktoren in das Programm auf.

Die Steyr-Traktoren waren anfänglich am Fordson ausgerichtet. Die Firma baute ein paar frühe Modelle, bevor sie 1947 in die Serienfertigung ging. Die Traktoren wurden überwiegend von Einzylindermotoren mit weniger als 20 PS angetrieben, aber auch Zweizylinder waren im Angebot. Steyr verkaufte in den ersten achtzehn Jahren beachtliche 160 000 Traktoren.

Ab den fünfziger Jahren erhielten die Steyr-Traktoren zunehmend leistungsstärkere Motoren, und ab den siebziger Jahren wurde eine vollständige Modellpalette angeboten. Die Steyr-Traktorsparte – alle Modelle waren zuletzt mit Motoren von MWM und Perkins ausgestattet – ging 1996 an die Tenneco in Houston, die auch Eigentümerin von Case International ist und einige Steyr-Modelle in deren Palette eingliederte.

Brasilien

Die Firma Malves in Sâo Paolo ist einer der wenigen einheimischen Traktorhersteller in Südamerika. Die meisten anderen dort gebauten Traktoren sind Abkömmlinge nordamerikanischer oder europäischer Modelle, doch die Malves-Traktoren der achtziger Jahre waren in Südamerika konstruiert worden. Ihre Motoren basierten jedoch auf Konstruktionen von Daimler-Benz und Cummins.

China

Wie in der ehemaligen Sowjetunion gibt es in China zahlreiche Traktorhersteller, deren Konstruktion jedoch überwiegend aus den fünfziger Jahren stammen.

Broschüre zum Steyr 188 von 1960
Oben: *Der Steyr 188 wurde von einem wassergekühlten Zweizylinderdiesel angetrieben, der 27 PS leistete.*

Broschüre zum Malves MD 700 aus den 70er Jahren
Unten: *Der MD 700 besaß einen 70-PS-Vierzylinder-Dieselmotor mit 3,1 Litern Hubraum und zehn Vorwärtsgänge.*

Tschechoslowakei: Laurin & Klement, Skoda, Praga und Zetor

In der ehemaligen Tschechoslowakei gab es mehrere leistungsfähige Traktorhersteller. Die Firma Laurin & Klement begann im Jahre 1911 mit dem Bau ihrer Excelsior-Motorpflüge.

Emil Skoda erwarb 1869 eine Maschinenbaufirma, die von Mitte der zwanziger Jahre bis zum 2. Weltkrieg Allzwecktraktoren baute. 1925 kaufte Skoda Laurin & Klement.

Wie die ungarische RABA führte die mit Skoda verbundene Firma Liaz in den siebziger Jahren große vierradgetriebene Traktoren ein.

Die Firma Praga wurde 1871 gegründet. Sie baute ab 1907 Personenwagen und von Mitte der zwanziger Jahre bis zum 2. Weltkrieg Traktoren.

Eine weiterer bekannter tschechoslowakischer Hersteller ist die Firma Zetor aus Brünn, die im Jahre 1945 aus einem Unternehmen hervorging, das Flugzeuge, Kugellager und Schußwaffen herstellte; ihr Logo zeigte einen gezogenen Lauf. 1947 exportierte Zetor 1000 Traktoren. Anfang der fünfziger Jahre baute Zetor jährlich 10000 Traktoren, und zehn Jahre später war die Zahl auf 20000 gestiegen.

Zetor Diesel 3045 aus den 60er Jahren

Die größeren Zetor-Modelle besaßen einen abschaltbaren Vierradantrieb. Der hier abgebildete Diesel 3045 aus den sechziger Jahren war eins der letzten Modelle »alter Form«. Mit Vierradantrieb und 50-PS-Motor konnte er preislich im Westen durchaus mithalten; Besitzer: Paul Hembury.

DDR: ZT

Der ähnlich wie der tschechische Zetor Crystal aussehende ZT aus den siebziger Jahren wurde von Schönebeck gebaut und besaß einen in Lizenz gebauten MAN-Motor. Die Ahnen des im Ausland unter der Bezeichnung Fortschritt verkauften Traktors waren die verschiedenen deutschen Traktorhersteller, die nach der kriegsbedingten Teilung des Landes im Osten verblieben waren; dazu gehörten FAMO, Horch und die alten Normag-Werke, die zu Nordhausen wurden.

Finnland: Valmet

Das staatliche Rüstungsunternehmen Valmet bot ein klassisches Beispiel für das Motto »Schwerter zu Pflugscharen«, als es im Jahre 1949 einen Traktor auf den Markt brachte. Nach langsamem Start wurde Anfang 1955 der dreitausendste und 1989 der dreihundertdreißigtausendste Valmet-Traktor gebaut.

Als Antrieb diente zunächst ein 12-PS-Einzylindermotor, dem 1953 ein 1,5-Liter-Vierzylinder und 1957 beim Valmet 33D ein 2,7-Liter-Dreizylinder-Dieselmotor mit 37 Brems-PS folgten.

Brasilien kaufte 1960 tausend Valmet-Traktoren, und Valmet errichte 1962 in Brasilien ein Werk, in dem Traktoren mit in Lizenz gebauten MWM-Motoren gefertigt wurden. Der zwanzigtausendste brasilianische Valmet rollte im Juni 1971 vom Band, der hunderttausendste im Jahr 1978. Die brasilianische Firma wurde zum Marktführer bei Traktoren über 100 PS und setzte erfolgreich auf alkoholbetriebene Motoren.

1964 erschien als neues Modell der Valmet 565 mit einem Synchrongetriebe von Case, das sechs Vorwärts- und zwei Rückwärtsgänge aufwies. Zur gleichen Zeit produzierte Valmet die ersten Traktoren für die Forstwirtschaft und standardisierte die Sicherheitskabinen. 1969 standen Motoren mit Turbolader zur Verfügung, und einige Modelle besaßen ein hydrostatisches Raupenschleppergetriebe.

1979 legten Valmet und Volvo ihre Traktoraktivitäten zusammen, und 1980 erhielt das Modell Valmet Comprex einen Abgasdrucklader. Im gleichen Jahr begann die Montage von Valmet-Traktoren in Portugal und im Scania-Lastwagenwerk in Tansania.

1985 trennten sich die Wege von Valmet und Volvo wieder, als Valmet den fünfzigprozentigen Volvo-Anteil am Gemeinschaftsunternehmen Scantrac Nordic aufkaufte. 1996 ging die Valmet-Traktorsparte in den gemeinsamen Besitz des finnischen Staates und der Firma Partek über, die den Lkw-Aufbaulader Hiab baut. Ende der neunziger Jahre lieferte Valmet Motoren für die größten in Frankreich gebauten Massey-Ferguson-Traktoren und die in Dänemark gebauten Mähdrescher von AGCO und erhielt im Gegenzug Massey-Ferguson-Chassis und Getriebe für die eigenen Hochleistungsmodelle.

Broschüre zum Valmet 20 von 1955
Links: Der Valmet 20 besaß einen Vierzylinder-Benzinmotor mit 23 PS, aber nur drei Vorwärtsgänge.

Valmet 33D von 1957
Oben: Der 33 ergänzte 1956 die vorhandene Valmet-Modellpalette von Traktoren mit 20-PS-Benzin-/Kerosinmotoren und den ursprünglichen 15-PS-Motoren, die 1949 entwickelt worden und 1953 in die Produktion gegangen waren. Der 33D mit Dreizylindermotor wurde bis 1959 gebaut und ging dann im 359D auf. Wie Steyr, Zetor, Vickers und andere Rüstungsunternehmen betrachtete Valmet Traktoren als Ersatz für die bis dahin produzierten Geschütze und Kanonen; Besitzer: Sam Read.

Broschüre zum GeDe 20 aus den 50er Jahren
Oben: Zur kleinen Zahl niederländischer Traktorhersteller gehörte auch die Firma GeDe (Geurtsen Deventer). Der GeDe 20 wurde angetrieben von einem luftgekühlten Zweizylinder-Dieselmotor von Deutz, der 18/22 PS leistete.

Ungarn: HSCS, Dutra und RABA

Die Firma Hofherr-Schrantz-Clayton-Shuttleworth entstand im Jahre 1900 in Budapest als Gemeinschaftsprojekt ungarischer Investoren und der bekannten englischen Clayton & Shuttleworth Company, die sich in Mitteleuropa mit ihren Dampfpflügen einen Namen gemacht hatte. Die örtlichen HSCS-Werke wurden 1912 von ungarischen Investoren gekauft, und die Firma baute von den dreißiger bis in die fünfziger Jahre Traktoren mit Glühkolbenmotoren. Aus HSCS wurde die Firma Dutra in Budapest, die ab 1961 Traktoren mit Vierradantrieb baute.

Die ehemaligen RABA-Eisenbahnwerkstätten in Gyon erwarben in den siebziger Jahren eine Lizenz zum Bau von Traktoren der amerikanischen Firma Steiger. 1973 wurden RABA und Dutra zusammengelegt.

Japan: Kubota, Hinimoto, Iseki und Komatsu

Die japanische Traktorindustrie ist zu modern, um einen größeren Beitrag zur Liste der klassischen Traktoren leisten zu können. Eine Anmerkung wert sind jedoch die seit 1960 gebauten Kleinsttraktoren von Kubota sowie die Hinimoto-Traktoren und die kleinen und mittleren Iseki-Modelle, die seit etwa 1980 auch an die amerikanische Firma White geliefert werden.

Die Firma Komatsu baute ihre ersten Raupenschlepper in den dreißiger Jahren und Diesel ab 1947. 1961 erhielt sie eine Lizenz zum Bau von Cummins-Motoren in Japan und entwickelte sich anschließend zu einem der drei größten Hersteller von Raupenschleppern auf der Welt. Komatsu kaufte 1989 die Reste der Hanomag-Traktorsparte und fertigt unter diesem Namen nunmehr Baumaschinen einschließlich Lader.

HSCS von 1937
Diese Art von HSCS-Traktor mit 40-PS-Glühkolbenmotor fand breite Verwendung in Europa, Australien und vielen anderen Ländern.

Niederlande: GeDe

Einer aus der kleinen Zahl niederländischer Traktorhersteller war die Firma GeDe bzw. Geurtsen Deventer. Sie baute nach dem 2. Weltkrieg eine Reihe von Traktoren.

Polen: Ursus

Ursus in Warschau baute in den fünfziger Jahren Traktoren unter Verwendung von Zetor-Komponenten. Im Jahre 1978 wurde Ursus im Rahmen eines Abkommens mit Massey-Ferguson und Perkins modernisiert. Das Unternehmen lieferte Nischenmodelle für die Massey-Ferguson-Modellpalette der neunziger Jahre; derzeit soll AGCO an einer Übernahme interessiert sein.

Ursus von 1958
Der Ursus mit Einzylinder-Glühkolbenmotor basierte zunächst auf dem Lanz Bulldog, bevor zu einem späteren Zeitpunkt vermehrt Zetor-Komponenten verwendet wurden.

Ursus C45 von 1945
Die Buchstaben »ZMU« an der Front dieses restaurierten C45 mit 45-PS-Motor verweisen auf den Hersteller Zakladow Mechanicznych Ursus, der in den zwanziger und dreißiger Jahren Lastkraftwagen gebaut hatte.

Rumänien: UTB

Die Uzina Tractorul Brasov (UTB) oder »Universal« in Brasov baute in Lizenz Fiat-Traktoren für die rumänische Landwirtschaft. Die Baureihe Crystal von 1969 war ein Gemeinschaftsunternehmen zwischen Universal, wo die angetriebenen Vorderachsen gebaut wurden, und Ursus in Polen, das die Getriebe lieferte.

Sowjetunion: Putilowet, Belarus und Tractoroexport

In der ehemaligen Sowjetunion wurde seit 1910 eine Vielzahl verschiedener Traktoren produziert. Die frühen Modelle waren primitive Konstruktion, die aber im Oktober 1924 westlicher Technik wichen, als in Kirow unter der Bezeichnung Putilowet die Produktion des Fordson F aufgenommen wurde. Bis April 1932 wurden etwa 50 000 Putilowet-Traktoren gebaut.

Universal S445 aus den 70er Jahren
Der Universal S445 läßt die Verwandtschaft zum Fiat deutlich erkennen

Im Jahre 1930 wurde das riesige Wolgograd-Traktorwerk eröffnet, und 1931 nahm ein weiteres Werk in Charkow die Arbeit auf, in dem heimische Traktoren nach amerikanischen Vorstellungen gebaut wurden. Es folgten viele weitere Werke, darunter 1944 eines in Wladimir und 1950 eines in Minsk. Im gleichen Jahr erschien auch der erste Belarus-Traktor.

Im Jahre 1961 nahm Tractoroexport den Export sowjetischer Traktoren in alle Welt auf. Mitte der siebziger Jahre waren zweihundertundfünfzigtausend Traktoren mit einer Leistung zwischen 25 und 310 PS verkauft worden – in der Regel zu subventionierten Preisen, die ein gutes Stück unter denen der kapitalistischen Konkurrenz lagen. Zusätzlich wurde das Modell T-25 aus Wladimir in Mexiko unter der Bezeichnung Sidenas gefertigt.

Im Jahre 1940 wurden in der Sowjetunion 20 300 Traktoren gebaut; Ende der siebziger Jahre belief sich die Produktion jährlich auf 550 000 Traktoren, und das Werk in Wolgograd fertigte allein 80 000 Raupenschlepper des Typs DT. 1972 war die Zahl von einer Million Traktoren erreicht und die Sowjetunion damit das Land mit der weltweit größten Traktorproduktion.

Broschüre zum Wolgograd DT75 aus den 60er Jahren
Der DT75 aus den Jahren 1963–1967 besaß gefederte Leiträder wie ein Panzerfahrzeug, einen 75-PS-Dieselmotor, der mit einem 10-PS-Hilfsmotor angelassen wurde, und eine umfassende Hydraulik.

Spanien: Ebro

Die Firma Ebro in Barcelona montierte in den zwanziger und dreißiger Jahren Personen- und Lastwagen für Ford. In den fünfziger und sechziger Jahren baute sie Ford- und, über eine Verbindung mit Perkins aus dem Jahre 1966, auch Massey-Ferguson-Traktoren. Die eigenen hellblauen Modelle mit roten Rädern gingen auf die Massey-Ferguson-Traktoren zurück. Im Jahre 1975 erwarb Ebro das Traktorwerk von SEMA-Renault. In den achtziger Jahren stellte die Firma als Teil des japanischen Unternehmens Nissan kurze Zeit Kubota-Traktoren mit bis zu 75 PS her.

Mehrere multinationale Traktorhersteller haben im Laufe der Jahre in Spanien Werke errichtet.

Ebro 55 von 1970
Links: Der Fordson Major wurde von Ebro im Jahre 1970 als Modell 55 gebaut.

Broschüre zum Kirovets KD-35
Unten: Der KD-35 stammte aus dem Werk der russischen Fordson-Traktoren und wurde von 1947 bis 1958 gebaut.

Schweiz: Bührer, Hürlimann, Meili und Vevey

In der Schweiz gab es nicht nur mehrere Hersteller kleiner vierradgetriebener Traktoren für den Einsatz in den Bergen, sondern erstaunlicherweise auch einige Hersteller konventioneller Traktoren.

Die Firma Bührer aus Hinwil nahm im Jahre 1929 die Produktion selbstfahrender Mäher auf; in den dreißiger Jahren kamen dann Traktoren hinzu (ab 1938 teilweise mit Kabine) und ab 1941 schließlich Dieselmodelle. Ab 1954 war ein dreistufiges Getriebe im Angebot, aus dem zehn Jahre später das fünfzehnfach übersetzte und in Fahrt schaltbare Tractospeed-Getriebe wurde. Bührer verwendete eigene Vierzylinderdiesel mit 4,33 Litern Hubraum und importierte Motoren, darunter auch Sechszylinder-Benzinmotoren von Chevrolet. 1979 wurde der letzte von insgesamt 22 600 Traktoren gebaut.

Der andere große Traktorhersteller in der Schweiz ist die Firma Hürlimann in Wil im Kanton Sankt Gallen, deren Ursprünge ebenfalls auf das Jahr 1929 zurückgehen. 1939 baute sie den nach eigenen Angaben ersten Traktor mit Vierzylinder-Direkteinspritzer-Diesel. Hürlimann gehörte zu den ersten Herstellern, die Traktoren mit extrem leistungsstarken Motoren bauten, darunter im Jahre 1966 ein Modell mit 155-PS-Sechszylinder aus der eigenen Produktion. Seit dieser Zeit hat die Firma viele Komponenten von der italienischen SAME zugekauft, in deren Besitz sie später überging. Die gegenwärtigen Hürlimann-Modelle stammen aus Italien.

Zu guter Letzt sind noch die Firmen Meili aus Schaffhausen und Vevey aus dem gleichnamigen Ort bei Montreux zu nennen, die in den fünfziger Jahren Großtraktoren herstellten. Meili baut heute kompakte Modelle für den Einsatz in den Bergen.

Der erste Vevey-Traktor aus dem Jahre 1936 besaß fünf Vorwärtsgänge und war mit einem Zweitakt-Boxermotor von CLM oder einem konventionelleren Viertakt-Dieselmotor von Saurer ausgestattet. Nach dem 2. Weltkrieg wurde Motoren von Buda-Lanova mit einem einfallsreichen Zapfwellenantrieb für seitlich montiertes Gerät eingesetzt. Auf diese Weise konnten zur gleichen Zeit, wo hinter dem Traktor neue Furchen umgepflügt wurden, die beim vorherigen Durchlauf aufgeworfenen Furchen auf der anderen Seite mit einer Motorhacke behandelt werden. Vevey-Traktoren besaßen häufig gefederte Vorderachsen und waren zuletzt mit Dieselmotoren von Perkins ausgerüstet. 1962 gab die Firma den Traktorbau zugunsten von Turbinen und Straßenbahnausrüstung auf.

Bührer 0513 von 1955
Rechts oben: Der 0513 besaß einen Vierzylinder-Dieselmotor von Opel.

Hürlimann 5200 von 1977
Rechts unten: Der Hürlimann 5200 besaß einen Motor mit 15/52 PS und ein zweistufiges Fünfganggetriebe; Besitzer: Jean Bronniman.

Hürlimann D-310 von 1975

Äußerlich änderten sich die Hürlimann-Traktoren von Mitte der fünfziger bis Mitte der siebziger Jahre kaum, und dieser D-310 mit 25/85-PS-Vierzylinder-Dieselmotor sieht fast genauso aus wie sein Gegenstück aus den fünfziger Jahren. Interessant an den Hürlimann-Traktoren ab 1966 war die zweigeteilte Spurstange über der Achse, die an einem kurzen Drehbolzen in der Mitte befestigt war.

Vevey R aus den 50er Jahren

Diese beiden 40 Jahre alten Vevey-Traktoren waren auch 1997 noch voll im Einsatz. Der 58er Vevey R, links, wurde von einem Vierzylinder-Perkinsdiesel mit 2,36 Litern Hubraum angetrieben; im Angebot waren aber auch Dreizylinderdiesel, ebenfalls von Perkins. Alle Modelle hatten fünf Vorwärtsgänge, bis 1960 zweistufige Getriebe eingeführt wurden. Das Vevey-Werk in Montreux steht noch, hat aber seit 1962 keine Traktoren mehr hergestellt.

Stichwortverzeichnis

Autor und Fotograf

Nick Baldwin auf einem Bamford-Heuwender hinter seinem Schlüter DZM 25 von 1939 mit Fahrer George Grose auf Baldwins Hof in Barrington.

Nick Baldwin wuchs genau in der Zeit, als das Pferd durch den Fordson-Traktor verdrängt wurde, auf einem Bauernhof in England auf. Seine erste Arbeitsstelle fand er Anfang der sechziger Jahre in der Versuchsabteilung bei Land Rover. In den siebziger Jahren machte er sich als freier Journalist selbständig und hat seitdem mehr als zwanzig Bücher über Traktoren, Personenwagen und Lastkraftwagen veröffentlicht. Im Laufe der Jahre hat er drei International-Titan-, einen Fordson-F-, einen David-Brown-VAKI- und zwei Schlüter-Traktoren besessen. Baldwin lebt auf einem Bauernhof in Somerset.

Andrew Morland verlebte seine Jugend in Großbritannien. Er studierte ein Jahr am Taunton College of Art in Somerset und drei Jahre am London College of Printing im Fach Fotografie. Seit seinem Abschluß arbeitet er als freier Bildjournalist in Europa und Nordamerika. Seine Arbeiten wurden in zahlreichen Zeitschriften und Büchern veröffentlicht. Er interessiert sich besonders für Traktoren, Maschinen, alte Motorräder und Autos. Morland lebt in einem reetgedeckten Landhaus in Somerset, das in den achtziger Jahren des 17. Jahrhunderts erbaut wurde. Er ist verheiratet und hat eine Tochter.

CASE

SAWYER MASSEY
SAWYER
MASSEY
CO. LIMITED
HAMILTON
CANADA
SAWYER-MASSEY
11-22
Nº 4794

S F V

RENAULT
BILLANCOURT

DAVID BROWN 30 D